新型空间结构试验自动加载系统研发及应用

郝际平　薛　强　孙晓岭　黄育琪　著

中国建筑工业出版社

图书在版编目（CIP）数据

新型空间结构试验自动加载系统研发及应用／郝际
平等著．—北京：中国建筑工业出版社，2023.8（2024.6重印）
ISBN 978-7-112-28904-2

Ⅰ.①新…　Ⅱ.①郝…　Ⅲ.①建筑空间—建筑结构—
研究　Ⅳ.①TU3

中国国家版本馆 CIP 数据核字（2023）第 126106 号

本书介绍了一种新型空间结构试验自动加载系统——同步点阵数控加载装置，由西安建筑科技大学钢结构团队研发，可实现任意荷载分级、任意荷载比例、任意方向多点同步精确加载和实时监测，有利于解决当前大型空间结构试验存在的实际问题。本书共分为7章，内容包括：概论；大型空间结构加载装置的原理与组成；新型空间结构试验自动同步加载控制系统；试验测量系统；鞍形网壳结构极限承载力试验；宝鸡市游泳跳水馆整体稳定承载力试验；西安国际足球中心屋盖索网结构承载力试验。

本书可供从事空间结构试验研究、设计、施工等的技术人员、科研人员借鉴和参考。

责任编辑：刘婷婷
责任校对：姜小莲
校对整理：李辰馨

新型空间结构试验自动加载系统研发及应用
郝际平　薛　强　孙晓岭　黄育琪　著
*
中国建筑工业出版社出版、发行（北京海淀三里河路9号）
各地新华书店、建筑书店经销
北京建筑工业印刷厂制版
建工社（河北）印刷有限公司印刷
*
开本：787毫米×1092毫米　1/16　印张：15¼　字数：352千字
2023年8月第一版　　2024年6月第二次印刷
定价：**62.00**元
ISBN 978-7-112-28904-2
（41131）

前　言

大型空间结构试验通常具有加载点数量多、覆盖面积大、加载工况复杂的特点，传统加载方法存在加载耗时长、与实际工况差距大、人工成本高、加载效率低且加载时有一定安全隐患等缺陷。本书介绍了西安建筑科技大学钢结构团队针对大型空间结构试验存在的实际问题，历时数载，先后研制了绳索＋滑轮新型加载体系、液压千斤顶＋分配梁加载体系，进一步用系统思维作为指导思想，把集成创新理念贯穿始终，借助信息化、数字化控制手段，研制了新型空间结构试验自动加载系统——同步点阵数控加载装置。

同步点阵数控加载装置采用水作为试验荷载，应用实时以太网 EtherCAT 总线技术，集成了工业控制系统、三维 DACS-Measure 现场测量分析系统和给水排水系统等方面成熟的理论和技术，可实现任意荷载分级、任意荷载比例、任意方向多点同步精确加载和实时监测。与传统加载方法相比，同步点阵数控加载装置具有如下优点：试验布载灵活，加载精度高，符合实际工况，设备操作便捷，加载安全高效，试验耗材成本低、清洁。

新型空间结构试验自动加载系统的研发主要关注和解决了以下问题：（1）自动同步加载。加载控制程序将单级荷载划分为多子步进行，实现所有加载点匀速、稳步的同步加载。（2）任意比例、任意方向加载。按试验需求通过荷载比例表输入各通道的加载比例值，即可实现加载点位任意比例同步加载；与绳索和滑轮组合后可实现水平方向、反重力方向、空间多向加载。（3）多种工况加载。EtherCAT 总线具有无限扩展的特性，控制模块、数据采集模块和加载点可根据试验需要在控制总线上无限挂载和自由分布，一次安装即可实现多种工况加载。（4）加载精度高。由电子力传感器测量荷载数值，电磁阀控制荷载数值，具有精度高、反应快的特点，加载精度明显高于称重法得出的砝码、沙袋等荷载数值精度，同时各加载点的同步性具有显著改善。（5）快速卸载。加载系统设置了一键卸载功能，可同时紧急停止所有加载点的加载，还可立刻进行卸载，保证发生危险的情况下快速卸载。（6）移动设备控制加载。在加载现场建立 Wi-Fi 局域网，可通过手机、平板等移动网络设备进行加载控制和加载情况实时监测等，安全、方便。（7）加载耗材清洁环保。采用水作为试验荷载，加载耗材价格低廉、清洁环保，水箱组件、管材、电器元件等均可循环利用。（8）安全性好，加载效率高。装置的安全性和加载效率优于传统挂篮加载。（9）三维现代测量分析系统现场测量与精度分析相结合，可更加快捷、方便地指导现场试验。

本书第 1 章介绍了静载试验加载方法、大型空间结构试验常用加载方式及存在的问题；第 2 章介绍了液压千斤顶＋分配梁加载体系、绳索＋滑轮新型加载体系、新型空间结构试验自动加载系统的原理与组成；第 3 章介绍了基于工业以太网的自动同步加载控制系统的具体实现以及加载控制程序设计；第 4 章介绍了常用结构试验测量技术，以及用于结构三维测量和精度分析的 DACS-Measure 现场测量分析系统；第 5 章介绍了采用绳索＋滑轮加载体系的鞍形网壳结构承载力试验；第 6 章介绍了采用液压千斤顶＋分配梁加载体系的宝鸡跳水馆整体稳定承载力试验；第 7 章介绍了采用同步点阵数控加载装置的西安国际足球中心屋盖索网结构承载力试验。通过以上试验案例详细说明了三种加载方法在实际试验中的安装布置与使用操作，也验证了新型加载系统的可行性与准确性。

同步点阵数控加载装置的研发得到了陕西建工机械施工集团有限公司承建的西安国际足球中心屋盖索网结构的实证支持，也得到了陕西省建筑科学研究院有限公司、青岛海徕天创科技有限公司的大力协助，以及西安建筑科技大学结构与抗震教育部重点实验室的大力支持。博士研究生陈东兆对绳索＋滑轮加载体系有不少贡献，樊春雷博士对装置提出了相关技术建议，博士研究生赵敏负责计算和资料整理，博士研究生曹家豪负责试验现场安装测试、蔡洲鹏负责试验测量布置，博士研究生杜智洋和硕士研究生李露、兰旭、沈立、倪加维、宁树哲、占庆、曹哲源、许佳、王蓉、兰芮、吴云等参与和协助完成了试验项目，在此一并表示感谢！

特别感谢博世力士乐（西安）电子传动与控制有限公司刘鹏飞工程师、西安爱生技术集团有限公司王兴华工程师对加载控制系统研发提供了技术支持，西安建筑科技大学设计研究总院有限公司智利工程师、何欣荣工程师对给水排水设计和电路设计提供了技术支持，西安建筑科技大学总务处动力科张社红工程师对水、电系统现场安装提供了技术支持。

本书提出的装置普遍适用于各类空间结构静载试验，具有显著的优点，是团队面对实际问题勇于创新的实践案例，也是集成创新的案例，对相关领域的研究具有参考价值。本书可供高等院校、设计院（所）等与空间结构试验研究、设计、施工相关的技术人员、科研人员借鉴和参考。本书集成创新方法如能为土木工程科研工作提供些许参考，将是作者莫大的欣慰。

2023 年 3 月于西安

目　　录

第1章 概   论

随着建筑科学技术的发展，更多新型的大跨空间结构被提出并应用于实践，结构试验是检验新型结构体系合理性、安全性的重要手段，是研究和发展结构理论的重要方法。大型空间结构试验具有结构覆盖面积大、加载点数量多、需求的总荷载大的特点，传统的静载方法有堆载法、静水压力法、气囊加载法、液压千斤顶加载法等。本章简单介绍了常用的静载试验方法，并讨论了传统加载方法用于大型空间结构静载试验时存在的问题。

1.1 大跨度空间结构整体模型试验的必要性

随着城市的快速发展，人民生活水平不断提高，对公共建筑数量、功能、审美等方面的需求也逐步提升。大跨度空间结构是公共建筑的重要组成部分，多用于影剧院、体育馆、展览馆、博物馆、大会堂、航空港候机大厅等大型公共建筑。近几十年来，随着计算机、新材料、智能建造等技术的进步，世界各地的公共建筑朝着个性化、复杂化、形式多样化等方向发展，展现国家科技实力的新型大跨度空间结构纷纷涌现，如国家体育场"鸟巢"、国家游泳中心"水立方"、上海世博会世博轴、苏州奥体中心、北京大兴国际机场、杭州奥体中心体育馆、国家速滑馆等。

大跨度空间结构是国家建筑科学技术发展水平的重要标志之一，随着科技实力的提升，一些新型的大跨度空间结构被逐渐提出并应用于实践。为保证结构设计安全合理、施工过程安全可靠，通常需要对大跨度空间结构进行详细的理论研究，结构试验是研究和发展结构理论的重要手段，是发现结构设计问题的重要途径。

近年来，计算技术快速发展并广泛应用，结构分析技术成为结构设计的主要方法，但仍需要通过整体模型试验对计算分析结果进行校核，才能准确认识新型结构体系，并对已有分析模型进行修正。随着大跨度空间结构的发展，新型结构形式不断涌现，对非常规的大跨度空间结构进行整体模型试验仍是非常必要的。

大跨度空间结构一般为杆系或杆索结构，试验中通常将线荷载转化为节点荷载，多为平面点阵加载，加载点数量多、需求的总荷载大，结构覆盖面积较大，为真实再现原型结构的受力性能，试验需求的荷载工况多，需要模拟满跨荷载、半跨荷载、不均匀荷载等。因此，在进行加载时，所需要的加载装置数量较大，导致试验成本高，且对应的控制系统复杂。同时，大多数空间结构试验加载时，多采用堆载重物的方法，需要人力进行加载，往往存在加载耗时长、与实际工况差距大、人工成本高、加载效率低且加载时存在一定安全隐患等缺陷。因此，有必要针对现有大型空间结构加载试验技术存在的缺陷，提供一种新型试验加载系统，以实现加载操作便捷、安全高效、自动化程度高，并适用于各类空间结构试验加载。

1.2 结构静载试验加载方法

静载试验是建筑结构最常见的试验，一般认为试验过程中结构本身运动的加速度效应即惯性力效应可以忽略不计。静载试验常见的加载方式有：直接重物加载或杠杆重力加载，利用液压加载器和液压试验机的加载方法，利用绞车、差动滑轮组、弹簧和螺旋千斤顶等的机械加载方法，利用压缩空气或真空作用的特殊方法等。

1.2.1 重力加载

重力加载是将物块自身重量作为荷载施加于试验结构上。实验室内可采用砝码、混凝土块、沙袋、水箱等；在现场则可就地取材，如普通的砂石、砖块等建筑材料或钢锭、铸铁、废弃构件等。重力加载可分为以下两类。

1. 直接重力加载

将物体重量直接施加在试验结构上，通常用于试件数量较少、试验荷载较小且有足够的重物放置空间时。

2. 杠杆重力加载

利用杠杆设计重力放大装置，以满足静力荷载试验对加载大小的要求。其优点是无须测力装置，不用调整即可保持荷载长期不变。

1.2.2 机械加载

1. 卷扬机、绞盘加载

机械加载常用的机具有卷扬机、绞盘、螺旋千斤顶、弹簧、手拉葫芦等。吊链、卷扬机、绞车和花篮螺丝等主要是配合钢丝或绳索对结构施加拉力，与滑轮联合使用可对结构施加斜向或水平荷载。拉索－绞盘－滑轮组加载装置可在变形很大的条件下连续加载。

2. 螺旋千斤顶加载

螺旋千斤顶采用蜗轮－蜗杆传动机构，当拨动千斤顶手柄时，蜗杆带动螺旋杆顶升，对结构施加顶推压力。设备简单，试验方便，可用于各种结构静载试验，需配合测力计使用。

3. 螺杆－弹簧加载

螺杆－弹簧加载法主要用于长期荷载。当荷载较小时，可直接拧紧螺帽以压缩弹簧；当荷载很大时，需用千斤顶压扁弹簧后再拧紧螺帽。试验前，弹簧变形值与压力的关系需要预先测点，试验时通过弹簧变形值即可求出施加荷载大小。

1.2.3 液压加载

液压加载设备是结构实验室最普遍和理想的加载设备，一般由液压泵源、液压管路、控制装置和加载油缸组成。液压加载利用油压使液压加载器产生较大的荷载，适用于荷载吨位大的大型结构构件。结构静载试验常用设备有以下几种。

1. 移动式同步液压加载装置

移动式同步液压加载装置可将多个加载油缸灵活安装在试验装置的各个部位，同时向结构施加竖向和水平荷载。同步液压加载设备通过调压装置和稳压装置可使多个加载油缸同步施加不同的压力，当需要施加拉力时，需要通过试验装置调整。

2. 液压千斤顶

液压千斤顶是采用柱塞或液压缸作为刚性顶举件的千斤顶，是一个小型集成化的液压加载系统，由液压泵、溢流阀、活塞和缸体组成，具有结构紧凑、工作平稳、顶撑力大、使用方便、可自锁等特点，广泛应用于结构静载试验。

3. 液压试验机

液压试验机也常用于结构静载试验，主要用于构件的拉伸、压缩、弯曲和剪切试验，如万能材料试验机、压力试验机、长柱试验机等。试验机的控制、数据采集和处理均可由计算机完成。

4. 电液伺服液压加载系统

电液伺服液压加载系统以伺服元件（伺服阀或伺服泵）为控制核心，由指令装置、控制器、放大器、液压泵源、液压管路、伺服元件、执行元件、反馈传感器及加载油缸组成。电液伺服液压加载系统是一种自动控制系统，控制装置由计算机和信号处理单元组成，计算机产生指令信号并对系统实施数字控制，执行元件能够自动、快速而准确地按照输入信号的变化规律而动作，通常具有良好的动态特性，但设备价格较高。

1.3 大型空间结构静载试验常用加载方式及存在的问题

大型空间结构静载试验通常具有加载点数量多、覆盖面积广、加载工况较多的特点。现有大型空间结构试验中，多采用堆载法、静水压力法、气囊加载法、液压千斤顶等加载方法。为提高加载效率，减少设备成本，传统施力装置通常结合力分配装置合并力作用点、调整加载比例，并结合换向系统实现不同角度加载。

重力加载是大型空间结构静载试验常用的加载方法，即通过堆载或挂载砝码、沙袋、质量块等，利用重物本身的重量施加在结构上作为荷载。例如，浙江大学进行的六杆四面体柱面网壳模型静载试验，采用钢丝绳悬挂标准铸铁砝码加载，同时，为提高挂载效率设计了简易分配梁，如图 1.1（a）所示；浙江大学进行的葵花形空间索桁架张力结构静载试验，采用挂载铸铁砝码手工加载方式，如图 1.1（b）所示；乐清市体育中心体育馆内外双重张弦网壳屋盖模型试验，采用挂载砝码的加载方式，用钢丝绳将荷载砝码挂在网壳节点上，在内部节点较密的情况下，对节点荷载进行归并，2 个节点采用 1 根挂钩进行加载，如图 1.1（c）所示；天津博物馆弦支穹顶结构屋盖模型静载试验，采用悬挂沙袋的加载方式，钢丝绳一端固定在上弦焊接球节点处自然下垂，另一端吊挂承重托盘，托盘上放重物荷载，如图 1.1（d）所示；中国石油大学（华东）体育馆屋盖钢网壳结构模型试验，采用堆载＋挂载混凝土块的加载方式，如图 1.1（e）所示，为确保加载安全，上部加载和下部加载不同时进行，先进行下部加载，然后进行上部加载，卸载时先卸上部荷载，再卸下部荷载。

此外，济南奥体中心体育馆弦支穹顶屋盖缩尺模型承载力试验、奥运会羽毛球馆弦支穹顶结构屋盖承载力试验、安徽大学体育馆屋盖张弦网壳结构承载力试验、国家体育馆双向张弦结构静力性能试验研究均采用了堆放或悬挂重物的加载方式。以上加载方式均需要人工操作，往往人工费用高、加载效率低，且存在安全隐患。

（a）浙江大学六杆四面体柱面网壳模型静载试验

（b）浙江大学葵花形空间索桁架张力结构静载试验　　　（c）乐清市体育中心体育馆屋盖模型试验

（d）天津博物馆屋盖模型试验　　　（e）中国石油大学（华东）体育馆屋盖模型试验

图 1.1　大型空间结构静载试验重力加载案例

　　液压千斤顶＋分配梁是较为高效且应用较普遍的一种加载方式。例如，南京奥林匹克体育中心主体育场钢屋盖模型试验，屋面箱梁节点加载系统采用拉杆－分配梁体系，屋面结构的荷载借助分配梁的层层转换，最终控制在 12 个千斤顶上，不同区域、不同荷载的比例关系由分配梁的不同受力长度来调节，主拱节点加载则采用吊挂标准质量块进行，如图 1.2 所示；上海旗忠网球中心预制预应力混凝土看台模型试验，采用 8 台千斤顶与 3 层分配梁在 128 个环梁的加载点处同步加载，在 64 个径向主梁的跨中加载点采用砝码吊载，如图 1.3 所示。以上试验加载所需设备数量多，试验成本高，同时还需要配合重力加载，加载控制较为复杂，对人工操作要求高。

图 1.2　南京奥林匹克体育中心钢屋盖模型试验加载装置

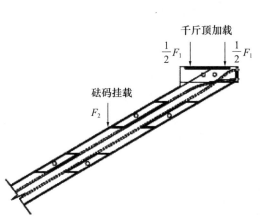

图 1.3　上海旗忠网球中心看台模型试验加载装置

　　网壳结构随着球心角的变化，每个加载点节点的荷载不同，通常采用弹簧分配传力系统进行加载（图 1.4）。例如，上海国际会议中心单层球网壳结构试验，对于上环梁平面以上的球冠节点采用拉力弹簧＋刚性圆盘＋分配梁＋千斤顶组成的弹簧分配传力系统，上环梁与赤道平面间的侧冠节点采用拉力弹簧＋刚性扁梁＋分配梁＋千斤顶传力系统，赤道平面以下的节点加载采用 5 个分配梁传力系统。

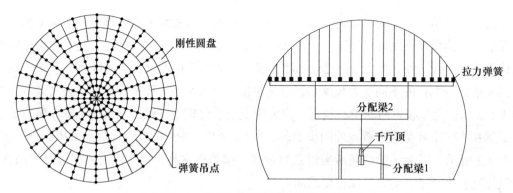

图 1.4　竖向加载的弹簧分配传力系统

　　大型空间结构一般为杆系或杆索结构,将面荷载转化为节点荷载,往往有数百个受力点,且都是平面点阵加载,加载点覆盖面积广。为了真实再现原型结构的受力性能,试验需要考虑多种荷载条件,如模拟全跨荷载、半跨荷载、不均匀荷载等。因此,试验加载时所需加载设备量大,导致成本高、相应的控制系统复杂。在以往大型空间结构试验中,使用最多的是悬挂或堆载重物的加载方式,需要人工进行加载,加载耗时长、与实际工况差距大、人工成本高、加载效率低且存在一定安全隐患。针对现有空间结构加载方式存在的不足,本书提出一种新型空间结构试验自动加载系统——同步点阵数控加载装置,该系统用水作为试验的荷载,结合现代自动化控制系统,可实现任意比例、多方向、多点同步精确加载,具有布载灵活、操作方便、安全高效等特点。

第2章　大型空间结构加载装置的原理与组成

液压千斤顶加载是常见的静载试验加载方法，该方法利用油压使千斤顶产生较大的荷载，当用于大型空间结构试验时，通常与分配梁体系配合使用；绳索＋滑轮组成的加载体系依据绳索拉力处处相等和定滑轮可改变力的方向但不改变力大小的原理，实现加载的分配和变向。本章对以上两种典型加载体系的原理和组成加以介绍，并提出一种新型空间结构试验自动加载系统——同步点阵数控加载装置。新型加载系统采用水作为试验荷载，结合现代自动化控制系统，可实现任意方向、任意荷载比例多点同步精确加载。加载控制系统及加载控制程序设计将在本书第3章、第4章详细说明，本章主要介绍新型加载系统的基本原理与组成。

2.1　液压千斤顶和分配梁组合的传统试验加载装置

2.1.1　液压千斤顶加载系统的原理与组成

液压千斤顶加载是目前结构试验中应用较为普遍、加载效率较高的一种加载方法。它的优点是利用油压使千斤顶产生较大的荷载，试验操作安全、方便，特别是对于大型结构构件，当试验要求荷载吨位大时更为合适。

液压千斤顶是应用最广泛的一种液压装置，它是以油液为介质，在密闭的空间内通过介质来传递动力，将具有一定压力的液压油压入液压加载器的工作油缸并使之推动活塞对结构施加荷载，是一个由机械能转化为液压能，再由液压能转化为机械能的过程。其荷载值可以用油压表示值和加载器活塞受压底面积求得，也可以用液压加载器与荷载承力架之间所置的测力计直接测读，或用传感器将信号输出至电子秤或应变仪显示，或由记录器直接记录。液压千斤顶组成如图2.1所示，具体工作原理如下。

1. 泵吸油过程

当用手提起杠杆手柄时，小活塞被带动上行，泵体中的密封工作容积便增大。这时，由于排油单向阀和放油阀分别关闭了它们各自所在的油路，所以泵体中的工作容积增大形成了部分真空。在大气压的作用下，油箱中的油液经油管打开吸油单向阀流入泵体中，完成一次吸油动作。如图2.2所示。

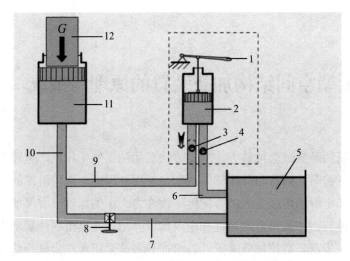

1—杠杆手柄
2—泵体（油腔）
3—排油单向阀
4—吸油单向阀
5—油箱
6、7、9、10—油管
8—放油阀
11—液压缸（油腔）
12—重物

图 2.1　液压千斤顶组成

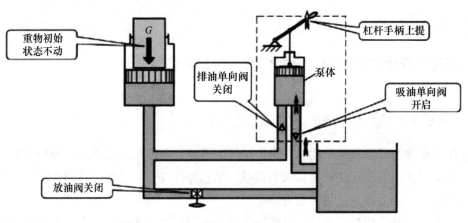

图 2.2　泵吸油过程

2. 泵压油和重物举升过程

当压下杠杆手柄时，带动小活塞下移，泵体中的小油腔工作容积减小，把其中的油液挤出，推开排油单向阀（此时吸油单向阀自动关闭了通往油箱的油路），油液便经油管进入液压缸（油腔）。由于液压缸（油腔）也是一个密封的工作容积，所以进入的油液因受挤压而产生的作用力就会推动大活塞上升，并将重物顶起做功。反复提、压杠杆手柄，就可以使重物不断上升，达到起重的目的。如图 2.3 所示。

3. 重物下落过程

需要大活塞向下返回时，将放油阀开启（旋转 90°），则在重物自重作用下，液压缸（油腔）中的油液流回油箱，大活塞下降到原位。如图 2.4 所示。

通过液压千斤顶的工作过程，可以总结出液压传动的工作原理为：以油液作为工作介质，通过密封容积的变化来传递运动，通过油液内部的压力来传递动力，液压传动装置实质上是一种能量转换装置。

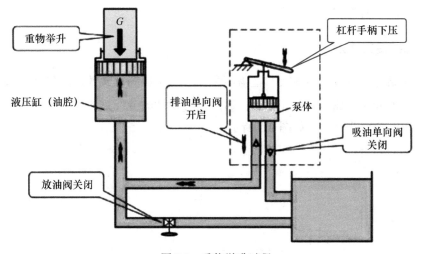

图 2.3　重物举升过程

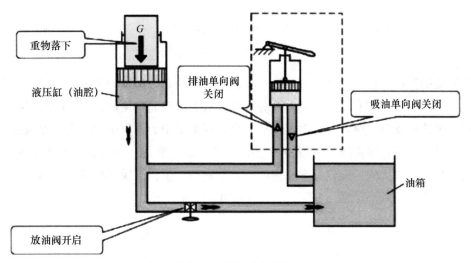

图 2.4　重物下落过程

　　液压千斤顶可分为通用液压千斤顶和专用液压千斤顶。通用液压千斤顶适用于起重高度不大的各种起重作业，由油室、油泵、储油腔、活塞、摇把、油阀等主要部分组成。工作时使油泵不断向油缸内压油，随着油缸内油压的不断增高，迫使活塞及活塞上面的重物一起向上运动。打开回油阀，油缸内的高压油便流回储油腔，于是重物与活塞一起下落。专用液压千斤顶是专用的张拉机具，在制作预应力混凝土构件时，可用于对预应力钢筋施加张力。专用液压千斤顶多为双作用式，常用的有穿心式和锥锚式两种。

　　液压千斤顶配合荷载架和静力试验台座是液压加载方法中最常用的一种，其设备简单、作用力大、加卸载安全可靠，与重力加载法相比，可大大减轻劳动强度和减少劳动量。然而，当用于大型空间结构试验时，其优势却不能充分发挥。由于大型空间结构试验多为平面点阵加载，具有加载点数量多、面积广的特点，结构所需总荷载量大，但单点荷载需求不高，为了减少设备需求量、降低试验成本，以及充分发挥液压千斤顶作用力大的优势，试验加载中通常和分配梁体系结合使用。

2.1.2 分配梁传力体系

大型空间结构加载节点数量大、覆盖面积广，为了提高加载效率、降低设备成本，常将施力装置与力分配梁加载装置相结合，通过精巧设计的分配梁体系，将外荷载精确地施加到模型结构的各个节点上，如图2.5所示。

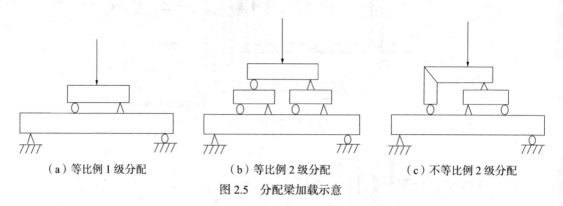

（a）等比例1级分配　　　　　（b）等比例2级分配　　　　　（c）不等比例2级分配

图2.5 分配梁加载示意

分配梁的作用是将单一杠杆或液压加载器产生的荷载分配成两个或两个以上的多点集中荷载，分配梁自身应有足够的刚度。分配梁一般为单跨简支梁形式，不能用多跨连续梁的形式。单跨简支分配梁可将一个集中荷载分为两个集中力，集中力的大小即为分配梁的两个支座反力。分配梁层数不宜大于3层，不等比例分配的比例设置不宜大于1∶4，且须将荷载分配比例大的一端设置在靠近固定铰支座的一边，以保证荷载的正确分配、传递和试验的安全。液压千斤顶+分配梁组合加载如图2.6所示。

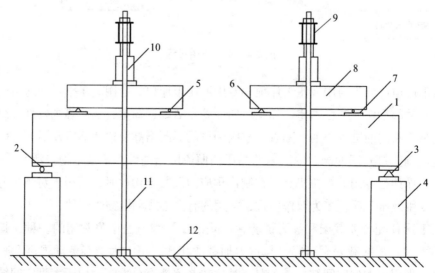

1—试件；2—滚动铰支座；3—固定铰支座；4—支座；5—分配梁滚动铰支座；6—分配梁固定铰支座；
7—垫板；8—分配梁；9—横梁；10—液压加载器；11—拉杆；12—台座

图2.6 液压千斤顶+分配梁组合加载示意

2.2　绳索和滑轮组成的新型加载体系

2.2.1　绳索+滑轮新型加载体系的原理与组成

受高层结构模型侧向加载系统的启发（图 2.7），依据绳索拉力处处相等和定滑轮可改变力的方向但不改变力大小的原理，西安建筑科技大学郝际平团队设计出由绳索和滑轮组成的新型加载体系，实际应用于鞍形网壳竖向极限承载力试验研究中，是该团队对空间结构新型加载装置研发的最初探索。

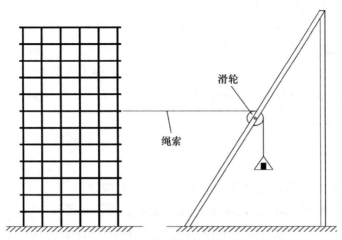

图 2.7　高层结构模型侧向加载系统

新型加载体系分 A 和 B 两个方案，如图 2.8 所示，试验时绳索两端同时加载配重。两个方案大体相同，不同点是方案 B 比方案 A 多了地面上的 4 个滑轮，可以将绳索的拉力更多地以竖向力形式作用于上弦节点。

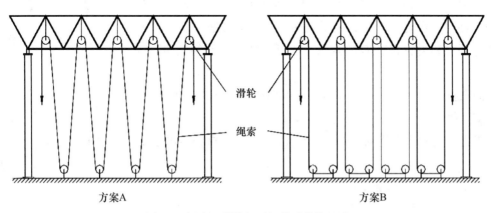

图 2.8　绳索+滑轮新型加载系统的组成

与传统的分配梁加载体系比较，新型加载体系具有以下优点。

（1）对加载点的数量无奇偶数限制。而传统加载体系要求加载点必须为 $2m \times 2n$ 个，

11

否则无法使用。

（2）对结构下部净空要求不高，以能放置滑轮和绳索为宜。而传统加载体系的分配梁必须分层设置，当加载点较多时，对网架下部净空有相当高要求。

（3）滑轮、绳索为工业成品，价格便宜。而分配梁一般是钢梁，价格相对昂贵。

（4）通用性强，在保证加载要求的前提下滑轮、绳索可多次重复性使用。而分配梁一般是为具体模型"量身定做"，缺乏通用性。

（5）当绳索与地面夹角接近90°时，配重近似为每个节点荷载的一半；当模型预计承载力较低导致荷载级差很小时，此优点体现得尤为突出。而传统加载体系由于使用液压千斤顶加载，荷载级差较小时加载精度难以控制。

（6）加载过程中，即使加载节点挠度大小不一，加载节点受的竖向力仍保持相等，有效保证结构进入弹塑性状态时仍能准确加载。而随着荷载的增加，传统加载体系的分配梁很可能不再保持水平，发生倾斜，导致各加载点受的竖向力不再相等；当挠度差别大时，将严重影响测试结果可靠性。虽然能通过一定的措施，人工干预调整至水平，但该方法仅限于小尺寸模型，且实施较麻烦。

2.2.2 绳索拉力损失

绳索绕过滑轮运动时，要克服两种阻力：一种是绳索内的僵性阻力；另一种是滑轮轴承的摩擦阻力（对无轴承滑轮而言，是滑轮内壁与销轴的摩擦阻力）。现对两种阻力形成的原因进行讨论。

1. 僵性阻力

顾名思义是指绳索自身具有一定的僵性，当其改变曲率半径时，绳索内丝和绳股之间相对滑移而产生摩擦，阻止曲率的变化导致阻力，如图2.9所示，F_j即为僵性阻力。Rubin对钢丝绳的僵性阻力进行了研究，结果表明，僵性阻力是绳索张力S、绳索直径d和滑轮直径D的函数。由试验数据得到的经验公式如下：

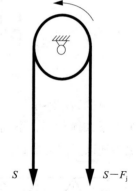

图2.9 僵性阻力计算简图

同向捻绳 $$F_j = （0.0063d^2/D）\cdot（S+3000）\qquad(2.1)$$
交互捻绳 $$F_j = （0.0090d^2/D）\cdot（S+5000）\qquad(2.2)$$
以上公式的适用范围：$d = 13\sim20mm$；$D = 500\sim900mm$；$S = 10\sim40kN$。

$$F_j = \lambda S \qquad(2.3)$$

式中 λ——僵性系数。

综上所述，可得出以下结论。

（1）在加载系统中，应使绳索尽量少发生转折，换言之，定滑轮的数量越少，则僵性阻力导致的拉力损失越少。

（2）在保证最大拉力的前提下，绳索自身僵性越小，僵性阻力就越小。

（3）虽然式（2.1）、式（2.2）适用于钢丝绳，但至少能够定性地说明：当绳索（不仅指钢丝绳）直径变化幅度不大时，减小僵性阻力的主要途径是增大滑轮直径。另外，从延长绳索的使用寿命角度看，增大滑轮直径也是有利的。

2. 轴承（或销轴）摩擦阻力

近似地假定绳索两端拉力 S 相等，滑轮自重忽略不计，则滑轮轴承（或销轴）上产生的正压力为：

$$N = 2S\sin(\theta/2)$$

正压力引起的摩擦力为：

$$f_{\mathrm{w}} = \mu N = 2\mu S\sin(\theta/2)$$

根据力矩平衡条件，滑轮边缘需增加作用力 F_z（即摩擦阻力），以平衡摩擦力矩，如图 2.10 所示。即：$F_z D = f_{\mathrm{w}} d$，$F_z D = 2\mu N d = 2\mu d S\sin(\theta/2)$，则：

$$F_z = 2\mu S d / D \sin(\theta/2) \tag{2.4}$$

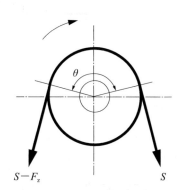

式中　d——轴承（或销轴）的名义直径；

　　　D——滑轮直径；

　　　μ——轴承（或销轴）的摩擦系数；

　　　θ——夹角，如图 2.10 所示。

图 2.10　轴承摩擦阻力计算简图

由式（2.4）可知，当绳索张力 S 确定时，减小轴承（或销轴）的名义直径 d、增大滑轮直径 D、减小轴承（或销轴）的摩擦系数 μ 和夹角 θ 均可减小摩擦阻力。

3. 总阻力

由式（2.3）、式（2.4）可得总阻力为：

$$F = F_{\mathrm{j}} + F_z = \lambda S + 2\mu S d / D \sin(\theta/2) = [\lambda + 2\mu d / D \sin(\theta/2)] S = eS \tag{2.5}$$

式中，$e = \lambda + 2\mu d / D \sin(\theta/2)$。

那么，一个定滑轮的传力效率为：$\eta = (S - F)/S = 1 - e$。

4. 确定试验加载装置

根据以上结论，可知：

（1）图 2.8 中方案 A 优于方案 B。

（2）不宜用销轴式滑轮，应选择直径较大的滚动轴承式滑轮。

（3）在保证最大拉力的前提下，应尽量选择自身僵性不强的"软"绳索。

（4）加载系统存在绳索拉力损失，试验中必须设力传感器以求出定滑轮的传力效率，这样才能确定每个加载点受的荷载值。

以图 2.8 中方案 A 为例，说明求解 η 的过程如下。

设该级配重为 W_1，自左向右绳索拉力依次为 W_2，W_3，W_4，W_5。形成一个等比数列 $\{W_1, W_2, W_3, W_4, W_5\} = \{W_1, \eta W_1, \eta^2 W_1, \eta^3 W_1, \eta^4 W_1\}$。

该级配重 W_1 已知，W_5 可由设于该处的力传感器求得，滑轮的传力效率 $\eta = \sqrt[4]{\dfrac{W_5}{W_1}}$，再代入等比数列中，分别求出 W_2，W_3，W_4，W_5，从而求得各加载点受的竖向力。

由以上几点认识出发，在鞍形网壳竖向极限承载力试验研究中选择了加载方案 A。滑轮选用具有滚动轴承的 0.5t 单门开口吊钩型滑车；绳索则摒弃结构试验常用的钢丝绳，大胆采用直径 8mm 的麻绳（经拉伸试验，满足最大拉力要求）。加载装置和加载试验现场如图 2.11 所示。

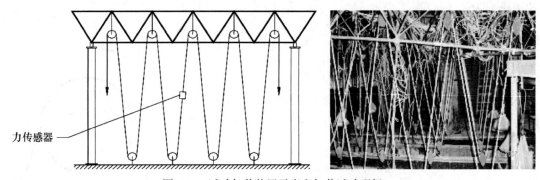

图 2.11　试验加载装置示意和加载试验现场

把实测数据代入式（2.5），得到所用定滑轮的传力效率 $\eta = 0.95$。进而可以求出图 2.11 所示各上弦加载点受到的竖向力。图 2.12 给出的是第一、二级荷载下各加载点受的竖向力，拉力损失可以接受。

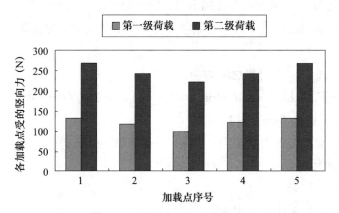

图 2.12　第一、二级荷载下各加载点受的竖向力

2.3　新型空间结构试验自动加载系统——同步点阵数控加载装置

2.3.1　同步点阵数控加载装置的原理与组成

水具有易操控、清洁环保、造价便宜等优点，可以通过控制水量来控制荷载大小。因此，采用水作为空间结构试验的荷载，并结合现代自动化控制系统，研发了同步点阵数控加载装置，如图 2.13 所示。

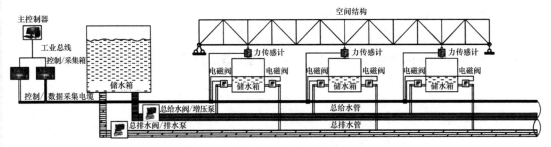

图 2.13 同步点阵数控加载装置示意

同步点阵数控加载装置用于空间结构试验时，可根据加载点的数量和重量，设置容器数量和容积。容器下部设置进水口和出水口，两个出口分别设置电磁阀/比例阀/流量阀精确控制水量大小。容器上部设置力传感器，反馈重力数值，与电磁阀形成闭环控制。每个容器通过总给水管供水，通过总排水管排水。总给水管连接市政供水管网或储水箱，总排水管通过管道泵连接储水箱，将排出的水回收利用。电磁阀控制线通过电缆连接至控制模块，力传感器电流/电压信号通过电缆连接至数据采集模块。控制模块和数据采集模块通过工业控制总线连接至实时工业控制器。实时工业控制器根据所需的荷载模式和加载步长，通过控制电磁阀开/闭控制水量，并通过力传感器信号大小形成闭环控制，精确满足所需的荷载大小。

工业控制总线具有无限扩展的特性，控制模块、数据采集模块和加载容器可根据需要在工业控制总线上无限挂载。工业控制总线仅需一根网线即可将不同分区、不同位置的模块挂载至同一控制器，实际试验中可根据试验规模与布置，分区设置控制箱、控制电缆、数据采集电缆、给水管和排水管等，避免试验系统电缆密集且需大量布线，同时避免给水管和排水管管径大且管线长。

2.3.2 多点多向加载原理与组成

1. 分配梁体系

对于梁、桁架结构，采用一级分配梁可将加载点减少至原加载点数量的 1/2；对于网架、网壳和索网等空间结构，采用一级分配梁可将加载点减少至原加载点数量的 1/4。通过大幅减少加载点的数量，可降低试验造价，简化试验过程。如图 2.14 所示。

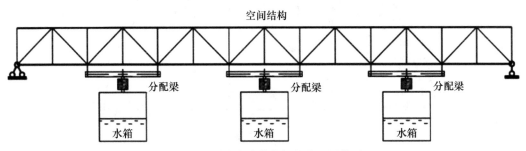

图 2.14 同步点阵数控加载分配梁体系

2. 绳索和滑轮组成的多向加载体系

依据绳索拉力处处相等和定滑轮可改变力的方向但不改变力大小的原理,设计出由绳索和滑轮组成的多向加载体系,可进行水平向加载、反重力方向加载及多向加载。如图 2.15 所示。

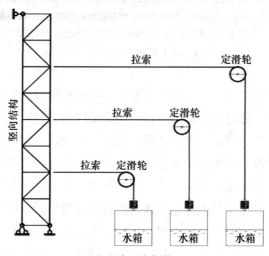

(a) 水平向加载

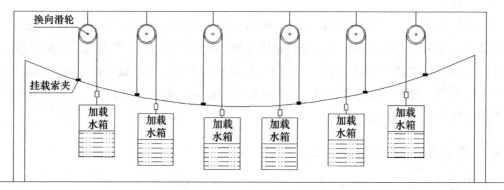

(b) 反重力方向加载

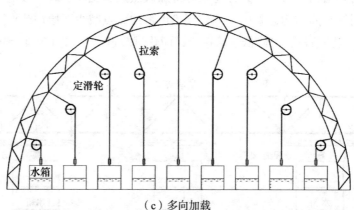

(c) 多向加载

图 2.15　同步点阵数控多向加载体系

2.3.3　给水排水管网设计

1. 管网布置原则

给水管道设计应满足加载时进水稳定，出水管道设计应满足遇到紧急情况时可快速出水。加载给水系统应尽量利用外部给水管网水压直接供水，在外部供水水压和水量不能满足进水需求时，可采取加压和流量调节装置。进水管网布置尽量采用"下行上给"，主管道敷设在最底层，便于安装维修，同时避免意外漏水损坏上部桥架内的电气线路，确保试验安全。

给水管道入口处应设置进水控制阀门（管径小于或等于50mm时，宜采用闸阀或球阀；管径大于50mm时，宜采用闸阀或蝶阀）、止回阀和水表，主管道宜分段设置检修阀；排水管道出口处应设置出水控制阀门；各分支管可按需求设置截止阀；与加载容器直接相连的支管应设置电磁阀控制容器进出水。

2. 给水管道设计

第一步，根据预期最大荷载估算单次加载最大总用水量、单点最大用水量，确定水箱尺寸及水桶标高。水箱之间的距离应允许单人通行，并满足电气元件检修的操作空间需求，水箱底部应预留足够的试件变形空间。

第二步，根据预设加载速度，计算各管段进水流量 q_g，主管流量为各支管流量之和。依据《建筑给水排水设计标准》GB 50015—2019 中的给水管道流速建议，初选经济合适的管材和管径。进水流量与流速、管径的关系可表示为：

$$q_g = Av = \frac{\pi D^2}{4} v \tag{2.6}$$

式中　q_g——计算管段进水流量（m^3/s）；

　　　A——管段过水断面面积（m^2）；

　　　D——管段直径（m）；

　　　v——流速（m/s）。

第三步，计算通过设计流量时造成的水头损失，复核室外给水管网水压是否满足使用要求。试验系统给水管网所需水压 H 按下式计算：

$$H = H_2 + H_3 + 0.01(H_1 + H_4) \tag{2.7}$$

式中　H——系统给水管网所需水压（MPa）；

　　　H_1——最不利配水点与引入管的标高差（m）；

　　　H_2——水管沿程和局部水头损失之和（MPa）；

　　　H_3——水表水头损失（MPa）；

　　　H_4——最不利配水点所需留出水头（m）。

当室外管网供给水压 H_0 大于试验给水管网所需水压 H 时，可在允许流速范围内，缩小某些直径较大管段的管径，以充分利用室外管网供给水压，节约管材成本。当 H_0 小于 H，且相差较大时，应考虑设置升压装置；相差不大时，可放大某些直径较小管段的管径，减小水头损失。

3. 排水管道设计

根据各管段预设排水流量，选择经济合适的管径和管材。排水管水力计算式如下：

$$q_{\mathrm{p}} = Av \tag{2.8}$$

$$v = \frac{1}{n} R^{2/3} I^{1/2} \tag{2.9}$$

式中　q_{p}——计算管段的排水流量（$\mathrm{m^3/s}$）；

A——管段过水断面面积（$\mathrm{m^2}$）；

v——流速（$\mathrm{m/s}$）；

R——水力半径；

I——排水管水力坡度；

n——粗糙系数，铸铁管为 0.013，塑料管为 0.009。

当水桶底与室外排水口高差较小时，自然排水一般很难满足紧急情况下快速排水的要求，需要在出水管道处设置抽水泵。水泵扬程的选择，应满足最不利排水点所需的水压和水量。水泵扬程计算式如下：

$$H_{\mathrm{b}} \geqslant 0.01 \left(H_{\mathrm{s}} + H_{\mathrm{y}} + \frac{v^2}{2g} \right) \tag{2.10}$$

式中　H_{b}——水泵扬程（MPa）；

H_{y}——加载水桶最低水位至室外排水口水头差（m）；

H_{s}——水泵吸水管和出水管的总水头损失（m）；

v——排水口流速（$\mathrm{m/s}$）。

第3章 新型空间结构试验自动同步加载控制系统

同步点阵数控加载装置用于空间结构试验时，加载点的数量多、重量大，控制系统的通道数相对于常规试验显著提高。如何实时、高效、低成本地实现控制系统是亟需解决的重点问题。EtherCAT 总线技术具有低成本、高时效、高扩展的特点，可以实现高实时性的 I/O 通信，能够及时获取来自现场传感器的 I/O 信号，并及时做出响应，将控制信号准确地传递到相应的动作单元中。因此，EtherCAT 总线技术非常适合用于覆盖面广、数据量大、实时性要求高、对成本敏感的大型空间结构试验的加载控制。CODESYS 是德国 3S 公司研发的一款功能强大的 PLC 编程软件，具有完善的编程功能、编译器及配件组件、可视化界面编程组件，基于 IEC（国际电工委员会）编程标准 IEC 61131-3，支持 EtherCAT 现场总线。本章详细介绍基于 EtherCAT 总线技术的自动同步加载控制系统硬件设计，以及采用 CODESYS 开发底层控制程序的方法。

3.1 工业控制系统相关概念

3.1.1 工业以太网与 EtherCAT

工业以太网来源于以太网，即将普通以太网应用到工业控制系统中。工业以太网是建立在 IEEE（电气与电子工程师协会）系列标准 IEEE 802.3 和 TCP/IP 上的分布式实时控制通信网络，适用于数据量传输量大，传输速度要求较高的场合。工业以太网采用 CSMA/CD 协议，同时兼容 TCP/IP 协议。与普通的以太网相比，工业以太网需要解决开放性、实时性、同步性、可靠性、抗干扰性及安全性等诸多方面的问题。

EtherCAT 是一种主流的工业以太网，最早是由德国 BECKHOFF 自动化公司于 2003 年提出的实时工业以太网技术，是一种性能优越的新型高速总线。一般工业通信的网络各节点传送的资料长度较短，每个节点每次更新资料都需要送出一个帧，造成带宽的低利用率，整体性能也随之下降。EtherCAT 利用"飞速传输"（Processing on the fly）的技术改善了以上问题，当数据帧通过 EtherCAT 节点时，节点识别对应的资料进行复制，并插入要送出的资料，再发送到下一个节点，通常一个帧的数据报文可以供所有网络上的节点传送及接收数据，数据传输效率高。

EtherCAT 的周期时间短，从站的微处理器不需处理以太网的封包，所有程序资料都由从站控制器的硬件来处理。配合 EtherCAT 的机能原理，使其成为高性能的分散式 I/O 系统。1000 个分散式数位输入／输出的程序资料交换只需 30μs，相当于在 100Mbit/s 的以太网传输 125 个字节的资料。

EtherCAT 使用全双工的以太网实体层，从站可能有 2 个或 2 个以上的埠。若设备未侦测到下游其他设备，从站的控制器会自动关闭对应的埠并回传以太网帧。由于上述特性，EtherCAT 几乎支援所有的网络拓扑，包括总线式、树状或星状，现场总线常用的总线式拓扑也可以用在以太网中。EtherCAT 的拓扑可以用网络线、分枝或是短线（stub）作任意的组合，有 3 个或 3 个以上以太网接口的设备即可当作分接器。通常使用 100BASE-TX 的以太网物理层，两个设备之间的距离可以到 100m，一个 EtherCAT 区段的网络最多可以有 65535 个设备。

EtherCAT 运行原理如图 3.1 所示，主站发送标准的 IEEE 802.3 以太网数据帧，从站接收数据帧，并从中提取或插入相关的用户数据，再将数据帧传递到下一个 EtherCAT 从站。最后一个 EtherCAT 从站发回经过完全处理的数据报文，将其作为响应报文由第一个从站发送给控制主站。

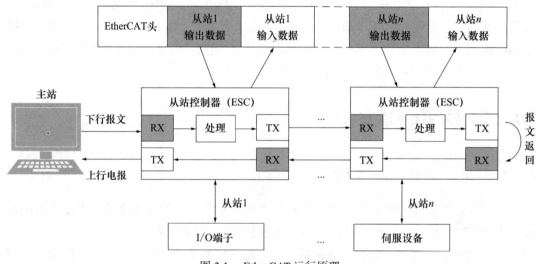

图 3.1　EtherCAT 运行原理

EtherCAT 数据帧组成如图 3.2 所示。其中，EtherCAT 数据包括 2B 的数据头和 44～1498B 的数据，数据区由一个或多个 EtherCAT 子报文组成。每个子报文对应独立的设备或从站存储区域，包括子报文头、数据和工作计数。EtherCAT 通信由主站发送数据帧读 / 写从站内部储存区实现，主站首先使用以太网数据帧头的 MAC 地址寻址到网段，然后使用 EtherCAT 子报文头中的 32 位地址完成段内寻址，从而实现对从站内部储存区的操作，完成多种通信服务。

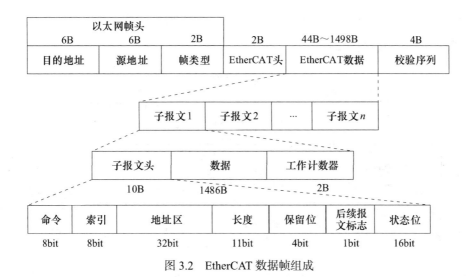

图 3.2　EtherCAT 数据帧组成

3.1.2　CODESYS 的架构及主要功能

CODESYS 软件工具是一款基于先进的 ".NET" 架构和 IEC 61131-3 国际编程标准的、面向工业 4.0 及物联网应用的软件开发平台。CODESYS 软件平台的独特优势是用户使用此单一软件工具套件可实现完整的工业自动化解决方案，即在 CODESYS 软件平台下可以实现：逻辑控制、运动控制及 CNC 控制、人机界面、基于 Web Service 的网络可视化编程和远程监控、冗余控制和安全控制等。

CODESYS 采用开放式、可重构、组件化的平台架构，可以向用户共享其全球领先的自动化开发平台中间件 CODESYS Automation Platform，并支持和帮助用户开发出拥有自主知识产权的开发环境。基于 ".NET" 架构，CODESYS 软件由各种组件化的功能件（编译器、调试器、运动控制、CNC、总线配置等）组成；用户可以根据自己的实际需求进行裁剪，并完全支持用户基于 CODESYS 公司提供的强大中间件产品和标准构建开发出封装有自主知识产权的功能组件和库。

CODESYS 具有良好的可移植性和强大的通信功能，完全支持 EtherCAT、CANopen、Profibus、Modbus 等主流的现场总线。CODESYS Runtime System 可以运行在各种主流的 CPU 上，如 ARM、X86，并支持 Linux、Windows、VxWorks、QNX 等操作系统或无操作系统的架构。基于 CODESYS 强大的控制功能，本试验采用 CODESYS 开发底层控制程序。

3.2　自动同步加载控制系统总体结构

加载控制系统总体结构如图 3.3 所示，该系统主要由主站 PC 机、控制软件、I/O 模块、电磁阀、传感器、通信接口和传输介质等组成。EtherCAT 总线具有高扩展和灵活拓扑的特性，一个 EtherCAT 区段的网络最多可以连接 6 万多个设备，设备连接和布线非常灵活方便，可根据不同试验需要进行加载分区和从站布置。主站程序可以监测任意一个通道数据或任意几个通道组合的数据。

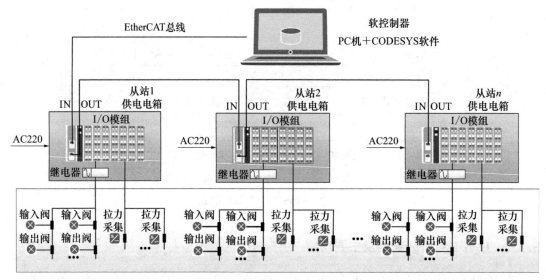

图 3.3　加载控制系统总体结构

EtherCAT 使用标准的 IEEE 802.3 以太网帧，主站使用标准以太网控制器即可。本书使用装有标准网卡的普通 PC 作为 EtherCAT 主站硬件设备，传输介质使用 100BASE-TX 规范的 5 类非屏蔽双绞线，主站组成如图 3.4 所示。MAC（Media Access Control）控制器完成数据链路层的介质访问控制，PHY（Physical）芯片实现数据的编码、译发和收发，二者之间通过 MII（Media Independent Interface）接口实现数据交互。PHY 芯片将 MAC 层发送过来的数字信号转换成模拟信号，通过 MDI（Media Dependent Interface）接口传输到隔离变压器。隔离变压器可提高信号强度，增加信号传输距离，经过隔离变压器耦合的信号通过双绞线与外界进行数据传输。

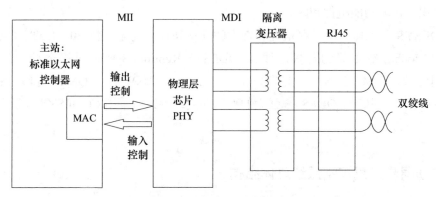

图 3.4　EtherCAT 主站组成

在 PC 操作系统中安装实时控制软件，可使其成为具备实时处理能力的软控制器。CODESYS Runtime 是一个可在 Windows 上通过 CODESYS Development System 编程的软控制系统，可以使普通 PC 成为符合 IEC 61131-3 标准的工业控制器。本书上位软件架构如图 3.5 所示。CODESYS Runtime 实时扩展模块提供实时运行环境和 EtherCAT 主站驱动。

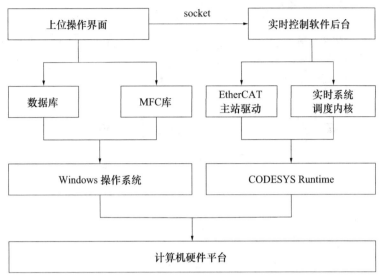

图 3.5　上位软件架构示意

从站采用 ODOT-C 系列刀片型分布式远程 I/O 模块，由网络适配器模块和扩展 I/O 模块组成，如图 3.6 所示。网络适配器模块负责现场总线通信，实现和主站控制器或者上位机软件的通信连接。网络适配器可根据控制器系统的通信接口选择对应总线的模块，本书选用 CN-8033 EtherCAT I/O 模块，该模块支持标准 EtherCAT 协议访问，支持的扩展 I/O 模块数量为 32 个。网络适配器通过内部总线对 I/O 模块输入输出过程数据进行实时读取和写入，其数据映射模型如图 3.7 所示。

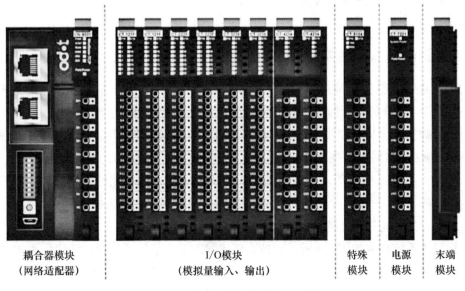

图 3.6　刀片型分布式远程 I/O 模块

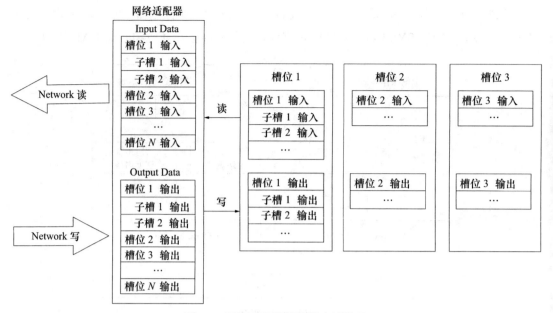

图 3.7　网络适配器的数据映射模型

扩展 I/O 模块负责和现场的输入输出设备进行连接，输入 I/O 模块采集现场各种信号并通过内部总线发送到网络适配器，控制器通过现场总线从适配器中读取数据并加工处理，然后将输出数据写入网络适配器中，网络适配器再通过内部总线将输出数据写入输出 I/O 模块，从而实现设备的控制。网络适配器和扩展 I/O 模块之间可以根据现场需求自由组合，本书选用 CT-2718 8 通道继电器常开输出模块用于电磁阀通信控制，CT-3238 8 通道模拟量输入模块用于传感器电流信号采集。

3.3　自动同步加载控制系统的具体实现

3.3.1　基于 EtherCAT 的数据采集系统

数据采集系统整体架构主要包括主站模块、从站模块、设备驱动模块和应用程序模块。主站由 PC 与普通网卡组成，具有强大的数据处理能力和图形显示功能，负责处理由从站返回的数据或向从站模块发送指令。从站需要实现的功能是测量水箱加载力数据，再通过 EtherCAT 总线将力数据发送到主站，其硬件设备主要有拉力传感器、变送器、模拟量输入模块、网络适配器等。设备驱动模块提供了可供主站使用的设备接口，能够处理 EherCAT 的操作，同时能并行控制多个以太网设备。应用程序模块根据用户实际的需求编写或者调用，能够通过主站的设备接口发送请求给主站设备。

数据采集系统组成如图 3.8 所示，拉力传感器的输出信号通过变送器转化为 4～20mA 模拟信号写入模拟量输入模块；输入模块通过内部总线将信号发送到网络适配器，转化为数字信号写入经过该从站的 EtherCAT 数据帧中对应的地方，再发送至其他总线设备；

EtherCAT 数据帧经过所有从站读写后返回给主站。数据采集系统采用分布式数据采集方案，空间位置邻近的拉力信号通过 EtherCAT 总线汇总上传到控制器，避免模拟信号长线传输引起的干扰，同时减少了线缆成本，降低了现场施工难度。

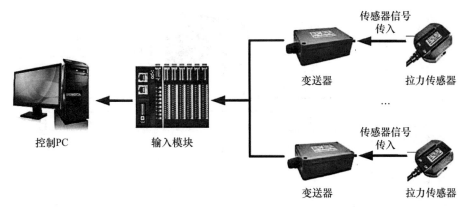

图 3.8　数据采集系统组成

3.3.2　基于 EtherCAT 的分布式远程控制系统

分布式远程控制系统与数据采集系统的整体架构相同，该系统由网络适配器模块和扩展输出模块组成。网络适配器负责现场总线通信，实现与主站控制器或者上位机软件的连接。主站由 PC 与普通网卡组成，负责处理由从站返回的数据或向从站模块发送指令。从站主要功能是将上位机应用程序通过主站发送的命令传递给末端电磁阀设备，从而实现进出水控制。从站硬件设备主要有常闭电磁水阀、继电器、继电器常开输出模块、网络适配器等。

主站控制器通过 EtherCAT 总线将输出写入从站的网络适配器中，网络适配器通过内部总线将数据写入输出模块，根据传入信号控制继电器输出触点闭合或断开。继电器触点闭合时，电信号经过继电器放大传递给电磁阀，电磁阀线圈通电，从而阀口开启，水流通过。分布式远程控制系统组成如图 3.9 所示，加载点位较多的情况下采用分布式输出模块可以实现更低的成本要求。

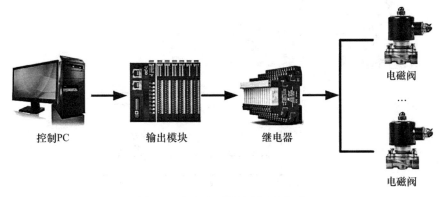

图 3.9　分布式远程控制系统组成

3.3.3 加载控制系统整体布线方案

加载控制系统整体布置采用三级布线方案，如图 3.10 所示。

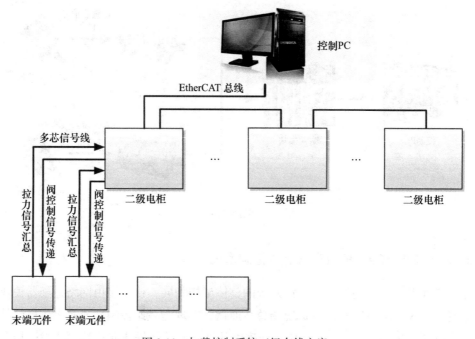

图 3.10 加载控制系统三级布线方案

第一级为主站，由 PC 或控制器组成，具备强大的数据处理能力和图形显示能力，负责处理由从站模块发送的数据，或向从站模块发送指令。

第二级配电柜为从站，内部包含电源模块、控制模块或数据采集模块，如图 3.11 所示。

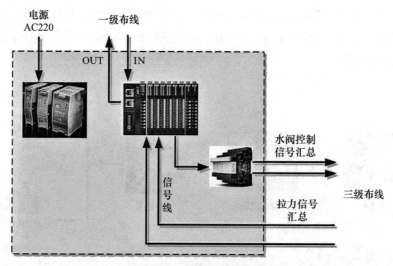

图 3.11 第二级配电柜布置方案

第三级主要为分布式连接控制模块与电磁阀，以及数据采集模块与传感器，如图 3.12 所示。

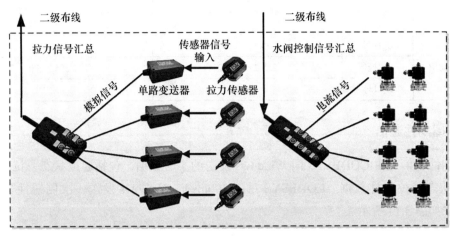

图 3.12　第三级连线方案

加载控制系统整体布置采用分布式连接方式。一级和二级之间用 EtherCAT 总线串联，任意两个二级电柜的最大距离为 80m；二级和三级之间用多芯信号线连接，为减少模拟信号干扰，电磁水阀的控制线和拉力信号传输线分别汇总。

3.4　自动同步加载控制系统通信协议

3.4.1　网络拓扑结构

自动同步加载控制系统的网络拓扑结构如图 3.13 所示。当 CODESYS 底层程序和 Windows 用户界面程序运行在同一个计算机上时，二者通过计算机以太网回环通信，应用网段为 127.0.0.×××。当 CODESYS 底层程序和 Windows 用户界面程序运行在不同的计算机上时，二者通过局域以太网通信，应用的网段为 192.168.0.×××。自动同步加载控制系统的网络地址约定如表 3.1 所示。

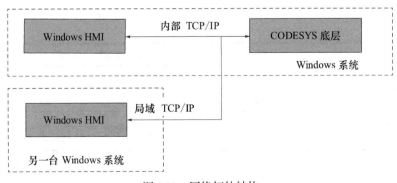

图 3.13　网络拓扑结构

网络地址约定 表 3.1

类别		CODESYS 底层程序（服务器）	Windows 用户界面程序（客户端）
内部通信	IP 地址	127.0.0.1	默认
	端口号	49	—
局域网通信	IP 地址	192.168.0.110	192.168.0.×××
	子网掩码	255.255.255.0	255.255.255.0
	端口号	49	

3.4.2 周期性通信

周期性通信是由 CODESYS 向 Windows 发送的实时数据，包括通道状态、拉力数据、电磁阀状态及位移计数据。CODESYS 每隔 100ms 向 Windows 发送一次周期性 TCP 帧，每帧数据如图 3.14 所示。

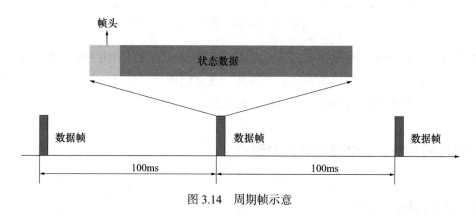

图 3.14 周期帧示意

每一帧数据的格式如表 3.2 所示，包含帧头和 10 个采样数据。数据通信周期为 100ms，不考虑帧头校验等辅助通信，TCP 周期通信最低带宽位为：

$$Band\ Width = 2400Byte \times 10 \times 8bit/100ms = 1920kbit/s$$

无论是 127 网段的内部通信，还是利用网卡的局域网通信，带宽都大于 100Mb/s，所以通信周期满足硬件提供的能力。网络最大负荷为：

$$Rate = 1920k \div 100M \approx 1.92\%$$

周期帧格式 表 3.2

变量名	类型	变量含义	备注
FrameHead	Uint32	帧头	—
SystemTime	Uint32	时间戳	单位：ms
ChnMode [0…199]	Byte	通道工作模式	0：开环 1：闭环
ChnState [0…199]	Byte	通道工作状态	0：开环 1：闭环

续表

变量名	类型	变量含义	备注
WaterIn 〔0…199〕	Byte	入水继电器状态	0：开环 1：闭环
WaterOut 〔0…199〕	Byte	出水继电器状态	0：开环 1：闭环
Force 〔0…199〕	Float32	拉力传感器数据	单位：N
Distance 〔0…199〕	Float32	位移传感器数据	单位：mm

3.4.3　随机性通信

随机性通信是 Windows 向 CODESYS 随机发送的命令，例如系统复位、系统启动、参数设置等。CODESYS 在接收到随机帧后立即依据发送来的命令做出相应的动作。随机帧如图 3.15 所示，帧格式采用固定长度，如表 3.3 所示。

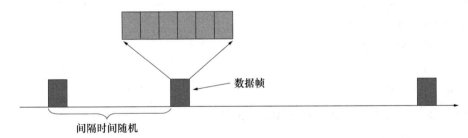

图 3.15　随机帧示意

随机帧格式　　　　　　　　　　　　　　　表 3.3

变量名	类型	变量含义
Header	Uint16	帧头 0xFFEF
Comand	Uint16	控制命令
Index1	Byte8	1 通道选中
Index2	Byte8	2 通道选中
…	…	…
Index200	Byte8	200 通道选中
Resolve	Byte8	保留，用于子节对齐
Resolve	Byte8	保留，用于子节对齐
Resolve	Byte8	保留，用于子节对齐
Param1-1	Byte8	1 通道参数 1-1
Param1-2	Byte8	1 通道参数 1-2
Param1-3	Byte8	1 通道参数 1-3

续表

变量名	类型	变量含义
Param1-4	Byte8	1 通道参数 1-4
Param1-5	Float32	1 通道参数 1-5
…	…	…
Param200-1	Byte8	200 通道参数 200-1
Param200-2	Byte8	200 通道参数 200-2
Param200-3	Byte8	200 通道参数 200-3
Param200-4	Byte8	200 通道参数 200-4
Param200-5	Float32	200 通道参数 200-5

（1）紧急关闭所选通道的进出水电磁阀。

Command：0xA500

Index：通道选中，例如 Index1 = 0x0F 代表选中 1 通道，关闭 1 通道的进出水阀门；

Param x-1：传感器编号；

Param x-2：进水阀编号；

Param x-3：出水阀编号；

Param x-4：无用；

Param x-5：无用。

（2）同步加载选中的通道，下位机闭环控制。

Command：0xA501

Index：通道选中；

Param x-1：传感器编号；

Param x-2：进水阀编号；

Param x-3：出水阀编号；

Param x-4：通道参数，0 代表关闭该通道，1 代表激活该通道；

Param x-5：加载力。

（3）直接控制选中的电磁阀。

Command：0xA502

Index：通道选中；

Param x-1：传感器编号；

Param x-2：进水阀编号；

Param x-3：出水阀编号；

Param x-4：通道参数，0x0 代表关闭进、出水阀，0x1 代表激活进水阀，0x2 代表激活出水阀，0x3 代表激活进、出水阀；

Param x-5：无用。

3.5　控制程序设计

3.5.1　主程序设计

主程序每隔 4ms 执行一次完整的控制周期。首先执行 m_EcatInputUpdate（）子程序，将传感器等硬件映射到数据采集通道；然后执行 m_ChnCtrl_InputUpdate（）子程序，读取硬件原始数值并换算为有量纲数据；再执行 m_ChnCtrl_LoopCtrl（）子程序，获取反馈数据并计算控制指令；最后执行 m_ChnCtrl_OutputUpdate（）和 m_EcatOutputUpdate（）子程序，将指令发送给每一个通道并映射到对应电磁阀。主程序流程如图 3.16 所示。

图 3.16　主程序流程

3.5.2　加载模式设计

加载模式有同步加载和单点加载测试两种。同步加载为所有选中通道按用户设置的目标荷载和步进荷载（每一级增／减的荷载量），同步执行进水或出水；单点加载测试为单个通道执行无限制进水或出水。CODESYS 调用子程序 METHOD m_ReceiveAction 读取 Windows 发送的命令帧，根据不同控制命令做出相应动作。程序流程如图 3.17 所示。

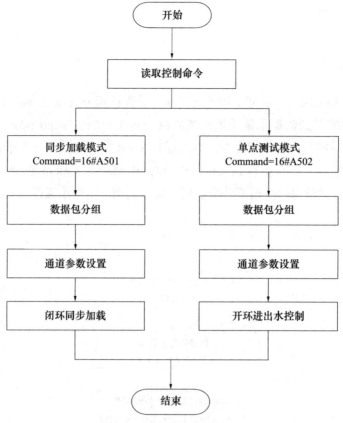

图 3.17 加载模式子程序流程

主要程序框架如下:

```
// 接收控制命令并执行相应程序步骤
METHOD m_ReceiveAction
VAR
    i:UINT;
    // 通道设置
    ChnSetting:PCL_WATERCTRL.CHN_SETTING;
    // 通道选择
    ChnSelect:BOOL;
END_VAR


CASE ResvData.Command OF
// 同步加载模式
16#A501:
    FOR i:=1 TO PCL_WATERCTRL.CHN_MAX_SIZE DO
        // 力传感器编号,接收参数 i-1
```

```
            ChnSetting.ForceSensorID:=ResvData.Para-m[i].Param1;
            // 进水阀继电器编号，接收参数 i-2
            ChnSetting.WaterInRelayID:=ResvData.Par-am[i].Param2;
            // 出水阀继电器编号，接收参数 i-3
            ChnSetting.WaterOueRelayID:=ResvData.Param[i].Param3;
            // 通道选中，通道参数 i-4。0: 关闭该通道; 1: 激活该通道
            ChnSelect:=BYTE_TO_BOOL(ResvData.Param[i].Param4);
            // 通道参数设置
            MAIN_PRG.Cmd_SetChannel(I,ChnSelect,ChnSetting);
        // 选中通道执行闭环同步加载
        MAIN_PRG.Cmd_CtrlForce(m_GetTargetForce(),ResvData.StepNum,ResvData.
StepLimit);
        END_FOR
// 单点测试模式
16#A502:
    FOR i:=1 TO PCL_WATERCTRL.CHN_MAX_SIZE DO
            // 力传感器编号，接收参数 i-1
            ChnSetting.ForceSensorID:=ResvData.Para-m[i].Param1;
            // 进水阀继电器编号，接收参数 i-2
            ChnSetting.WaterInRelayID:=ResvData.Par-am[i].Param2;
            // 出水阀继电器编号，接收参数 i-3
            ChnSetting.WaterOueRelayID:=ResvData.Param[i].Param3;
            // 通道参数设置，FALSE 表示不选中 i 通道，即此时清除所有选中通道
            MAIN_PRG.Cmd_SetChannel(I, FALSE, ChnSetting);
            // 执行开环进出水控制。Param4:0x0 关闭进、出水阀; 0x1 激活进水阀; 0x2 激
活出水阀; 0x3 激活进、出水阀
            MAIN_PRG.Cmd_CtrlWater(BYTE_TO_UINT(ResvData.Param[i].Param2), BYTE_
TO_UINT(ResvData.Param[i].Param3), ResvData.Param[i].Par-am4.0, ResvData.Param[i].
Param4.1);
        END_FOR
END_FOR
```

3.5.3　加载步幅控制

由于水桶分布及桶底标高的不同，造成不同点位进、出水速度的差异，为减少该差异对试验效果的影响，将用户设置的步进荷载分为多子步完成，任意通道完成一小步加载后自动停止，等待所有通道完成该加载步后自动接续步进。程序流程如图 3.18 所示。

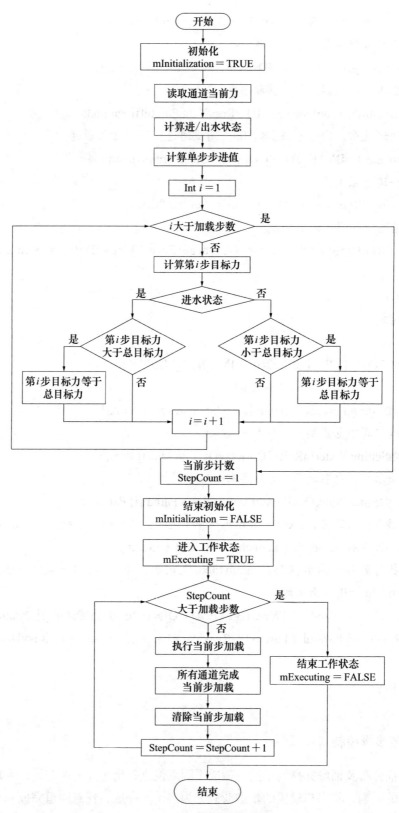

图 3.18　步幅控制子程序流程

　　程序主要代码如下：

```
// 初始化
METHOD mInitialization: BOOL
VAR
    // 通道当前力
    fActualForce:REAL;
    // 单步步进力值
    fStepInc:REAL;
    // 目标力值
    SetForce:REAL;
    // 进水或出水状态
    bDirection:BOOL;
    i:UINT;
    // 加载步数
    StepNum:UINT:=10;
    // 最小步幅
    StepMinLimit:REAL:=20.0
END_VAR

// 执行初始化
mInitialization:=TRUE;
// 通道当前力
fActualForce:=Chn.actualForce;
// 判断进出水状态。进水状态为真, 反之出水状态
bDirection:=SetForce>=fActualForce;
// 计算单步步进力值 = ( 设置力 - 通道当前力 ) / 加载步数
fStepInc:=(SetForce-fActualForce)/StepNum;
// 判断通道单步步进值
IF ABS(fStepInc)<ABS(StepMinLimit)THEN
    // 若通单步步进值小于最小步幅, 令单步步进值等于最小步幅
    fStepInc:=ABS(StepMinLimit)*Sign(fStepInc);
END_IF
// 计算加载步目标力
FOR i:=1 TO StepNum DO
    // 第 i 步力目标力 = 通道当前力 + i* 单步步进值
    fStepArray[i]:=fActualForce+i*fStepInc;
```

```
    // 进水状态
    IF bDirection THEN
        // 若第 i 步目标力大于总目标力，令第 i 步目标力等于总目标力
        IF fStepArray[i]>SetForce THEN
            fStepArray[i]:=SetForce;
        END_IF
    // 出水状态
    ELSE
        // 若第 i 步目标力小于总目标力，令第 i 步目标力等于总目标力
        IF fStepArray[i]<SetForce THEN
            fStepArray[i]:=SetForce;
        END_IF
    END_IF
END_FOR
// 当前步数初始化
StepCount:=1;
// 初始化结束
mInitialization:=FALSE; // 初始化结束


// 工作状态
METHOD mExecuting: BOOL
VAR
END_VAR
// 执行工作状态
mExecuting:=TRUE;
// 判断当前步进计数若大于预设加载步数则停止加载
IF StepCount>StepNum THEN
    mExecuting:=FALSE;
    RETURN;
END_IF
// 通道执行加载
fbForceLoad(Execute:=TRUE, Chn:=Chn, SetForce:=fStepArray[StepCount]);
// 所有通道完成当前加载步
StepDone:=fbForceLoad.Done;
// 若所有通道完成当前加载步，清除当前加载，当前步数＋1
IF StepDone THEN
```

```
fbForceLoad(Execute:=FALSE,Chn:=Chn);
    StepCount:=StepCount+1;
END_IF
```

3.5.4　测试系统软件登录

（1）双击"mts.exe"进入登录界面（图 3.19），启动同时会使用 EXCEL 软件自动打开 mts_sys.xls 文件（荷载比例表），读取所有的加载比例值；如果需要修改对应通道的加载比例值，需提前打开此 mts_sys.xls 文件进行修改并保存。

（2）按图 3.19 进行登录设置，如需更改项目路径，选择新的项目路径文件（mts_sys.ini）。默认项目路径为：D：\soft\mts（v3.0）\mts_sys.ini，自动存储的数据记录也会存放在当前路径下（文件名为：项目名称_××××.txt）。

（3）点击"用户登录"进入测试系统。

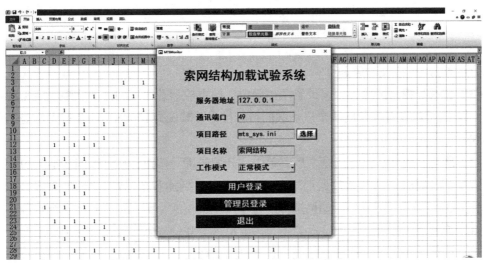

图 3.19　软件登录界面

3.6　上位机软件设计

3.6.1　加载控制功能

（1）登录测试系统后将显示图 3.20 所示测试系统界面，此时工作状态区域的"网络状态""EXCEL 连接""单点测试"指示灯亮起。

（2）在系统控制区域，可以选择工作模式分别为单步步进和自动步进，设置主控加载点（默认为通道 1），当前的主控加载通道会在加载监控窗口和加载状态窗口中对应的点加粗显示。进行同步加载时，某个通道加载点的力值＝主控通道加载点力值 × 当前通道加载点的加载比例值 / 主控通道加载点的加载比例值，因此建议将主控通道加载点的加载

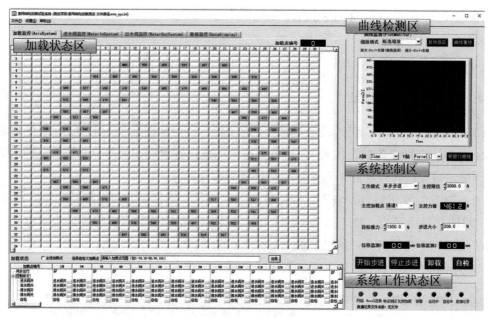

图 3.20　测试系统界面

比例值设置为 1，方便理解和计算。

（3）在系统控制区域，可以设置主控限位，即主控加载通道的力的软限位值（默认为 3000N），还可以设置开始同步步进加载的目标推力（默认为 1500N）和步进大小值（默认为 200N）。

（4）所有参数确认没有问题之后，单击"开始步进"按钮，便可以同步加载的方式进行步进加载，同时自动开始数据记录（右下角的"比例加载指示灯""运动中指示灯"和"数据记录指示灯"会亮起）。如果选择的是单步步进模式，则在运行到第一个步进点（主控通道当前力值＋步进大小）自动停止，再次单击"开始步进"按钮会继续步进到下一个步进点。如果选择的是自动步进模式，则会自动运行每一个步进点，直至达到目标推力值后，自动停止。

（5）单步步进模式下，当点击"开始步进"按钮，到达设定步进值的时候，右下方的 LED 显示"运动中"会变成黑色，"比例加载"变成黑色，"单点测试"变成红色，此时自动数据记录会暂停，但当前数据记录文件不会关闭；再次单击"开始步进"按钮，会自动接续当前数据记录文件进行记录，直至达到设定目标值，LED 显示"数据记录"变成黑色，当前数据记录文件才会自动停止记录并关闭。

（6）自动步进模式下，当点击"开始步进"按钮，到达设定目标值的时候，右下方的 LED 显示"运动中"会变成黑色，"比例加载"变成黑色，"单点测试"变成红色，"数据记录"变成黑色，当前数据记录文件自动停止记录并正常关闭文件。

（7）无论单步步进模式，还是自动步进模式，如果需要手动停止加载，需点击"停止步进"，此时数据记录文件会强制停止记录并正常关闭文件。

（8）若单击"卸载"按钮，则会关闭所有的进水阀，并打开所有的排水阀进行卸载，数据不进行记录。

（9）若单击"自检"按钮，则会打开所有的进水阀，关闭所有的排水阀，工作 60s 后自动关闭所有的进水阀，此过程数据不进行记录。

（10）如果在试验过程中出现报警及保护的情况，报警指示灯会亮，此时应该及时对系统急停并断电重启。

3.6.2　状态检测功能

1. 加载监控功能

如图 3.21 所示，在加载监控界面左上区域的索网结构力加载状态中，按照索网结构布局形式，显示了所有通道（120 个）当前的力值（绿色背景）。点击某个通道力值绿色按钮，会弹出对应加载点的参数转台，比如对应的加载点编号、当前实际力值、对应的目标力值，以及进水阀和出水阀的通断状态，并可单击对应开关进行阀的通断测试。

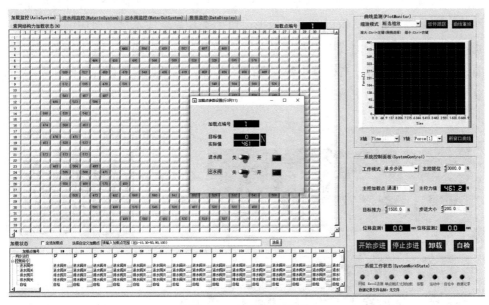

图 3.21　加载监控界面

在加载监控界面左下区域的加载状态中，以列表形式显示了所有通道（120 个）的加载力、位移、进水阀、出水阀以及参数等的状态和数据，可根据需要进行查看；可以点击进水阀或出水阀的打开按钮或关闭按钮进行阀的通断测试。此外，可在"同步运行"一行中，选择对应通道进行同步加载过程中的使能控制，还可以通过选项框全选加载点，选择自定义加载点命令（如 1-10, 30-60, 90, 100，其中"，"为半角字符）灵活进行加载通道的使能选择。

2. 电磁阀监控功能

如图 3.22 所示，在电磁阀（进水阀和出水阀）监控界面左上区域，按照索网结构布局形式，显示了所有通道（120 个）的进水阀和出水阀的通断状态。点击进水阀和出水阀的通断状态的按钮，会打开 / 关闭对应的进水阀或出水阀，同时更新进水阀和出水阀的通断状态。

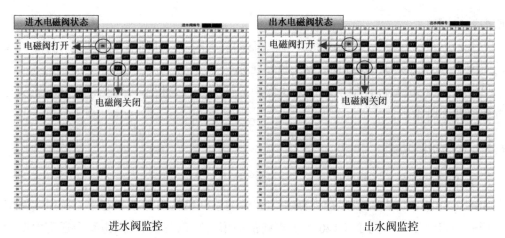

进水阀监控 出水阀监控

图 3.22 进水阀和出水阀监控界面

3. 数据监控功能

如图 3.23 所示,在数据监控界面左上区域,显示了所有通道力数据的监控曲线和位移数据的监控曲线。此外,可以在下方树形窗口中选择显示或不显示对应的通道的数据监控曲线;可以在数据监控曲线中设置 X 轴采样点的点数,可以通过 Ctrl 键+鼠标左键放大数据曲线的 Y 轴,Ctrl 键+右键缩小数据曲线的 Y 轴;可以点击数据的暂停跟踪显示,此时可以拖动滚动条查看历史数据。

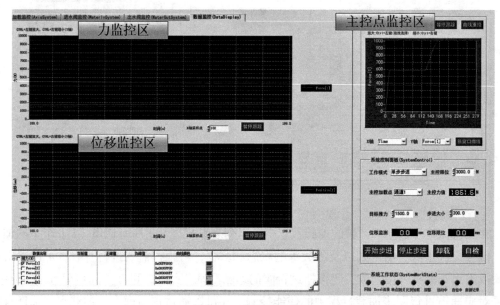

图 3.23 数据监控界面

在数据监控界面右上区域,可以跟踪任意横轴和任意纵轴的数据曲线,点击"新窗口曲线"按钮,可新建一个曲线窗口,如果有扩展显示器,可把此窗口拖到扩展屏幕上显示;可以点击"曲线重绘"按钮重新绘制当前曲线;可以设置缩放模式(框选缩放、X 轴缩放、Y 轴缩放、点中心缩放),然后通过 Ctrl 键+鼠标左键放大数据曲线,Ctrl 键+右键缩小数据曲线。

3.6.3　项目及参数设置

1. 项目设置

在图 3.24 所示菜单栏的文件菜单内，点击"新建项目"按钮，弹出新建项目窗口，如图 3.25 所示，单击项目路径框后的"设置"按钮，弹出图 3.26 所示的选择项目路径的窗口，可以新建一个单独的文件夹（例如 TEST 文件夹），输入文件名 TEST（扩展名默认为 .*.ini），单击 OK 按钮关闭窗口，将显示图 3.27 所示的项目信息窗口。在图 3.27 所示的项目信息窗口中，可以修改项目名称，单击"确认"按钮，即可退出新建项目界面，此时进行加载测试，数据记录将存放在刚才所选路径下。

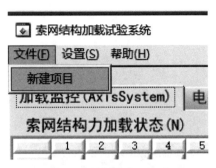

图 3.24　菜单栏点击"新建项目"

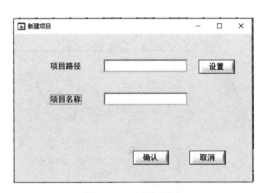

图 3.25　新建项目

图 3.26　选择项目路径

图 3.27　项目信息

2. 参数设置

如图 3.28 所示，在菜单栏的设置中，可以分别对力参数、位移参数、载荷比例参数、数据采集间隔进行设置。点击力参数设置，如图 3.29 所示，可以设置对应通道力的零位、增益、正负限位等，首先请求读取内部参数，修改后点击"保存参数"生效。点击位移参数设置，如图 3.30 所示，可以设置对应通道位移的零位、增益、正负限位等，首先请求读取内部参数，修改后点击"保存参数"生效。点击载荷比例参数设置，如图 3.31 所示，可以设置对应通道的同步力加载时的加载比例系数，首先请求读取内部参数，修改后点击

41

"保存参数"生效。点击数据采集间隔参数设置，如图 3.32 所示，可以设置数据记录时的采样间隔时间，默认为 1s，范围为 0.1～10s。

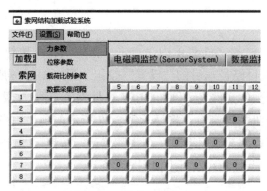

图 3.28　参数设置界面

图 3.29　力参数设置

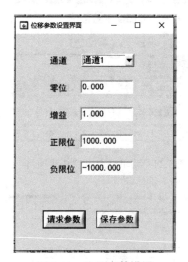

图 3.30　位移参数设置

图 3.31　载荷比例参数设置

图 3.32　数据采集间隔参数设置

3.6.4　数据记录文件说明

当开始加载测试时，自动存储的数据记录文件也会存放在当前项目路径下（文件名为：项目名称 _××××.txt）。单步步进模式下，第一次点击“开始步进”按钮，会新建一个数据记录文件，文件序号自动增加 1，后续步进过程只会在当前数据记录文件下追加数据记录；自动步进模式下，每次点击“开始步进”按钮，均会新建一个数据记录文件，文件序号自动增加 1。

单步步进模式下，当达到设定步进值的时候，当前数据记录文件不会关闭，再次加载时可自动接续当前数据记录文件进行记录，直至达到设定目标值，文件自动停止记录并关闭。

自动步进模式下，当达到设定目标值的时候，当前数据记录文件自动停止记录并正常关闭文件。

任意加载模式下，点击“停止步进”，手动停止加载时数据记录文件会强制停止记录并正常关闭文件。数据记录文件格式如图 3.33 所示，可使用专业的数据处理软件（如 OriginPro）进行后期数据处理。

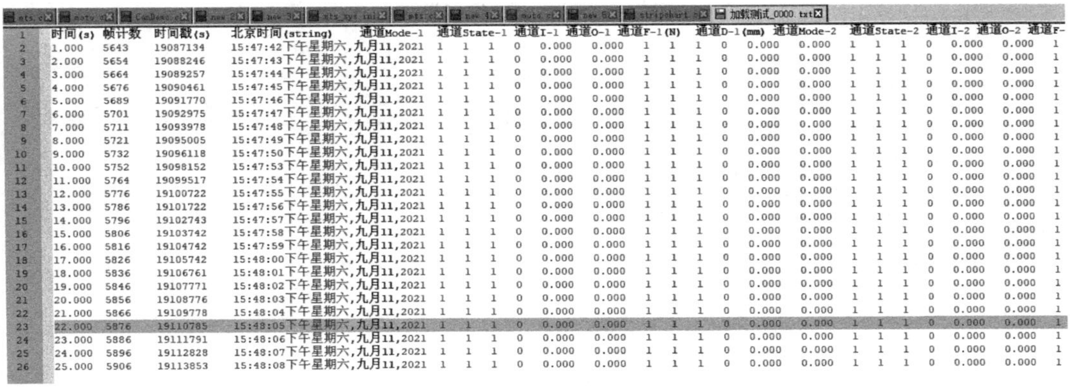
加载测试_0000.txt

1	时间(s)	帧计数	时间戳(s)	北京时间(string)	通道Mode-1	通道State-1	通道I-1	通道O-1	通道F-1(N)	通道D-1(mm)	通道Mode-2	通道State-2	通道I-2	通道O-2	通道F-								
2	1.000	5643	19087134	15:47:42下午星期六,九月11,2021	1	1	1	0	0.000	0.000	1	1	1	0	0.000	0.000	1	1	1	0	0.000	0.000	1
3	2.000	5654	19088246	15:47:43下午星期六,九月11,2021	1	1	1	0	0.000	0.000	1	1	1	0	0.000	0.000	1	1	1	0	0.000	0.000	1
4	3.000	5664	19089257	15:47:44下午星期六,九月11,2021	1	1	1	0	0.000	0.000	1	1	1	0	0.000	0.000	1	1	1	0	0.000	0.000	1
5	4.000	5676	19090461	15:47:45下午星期六,九月11,2021	1	1	1	0	0.000	0.000	1	1	1	0	0.000	0.000	1	1	1	0	0.000	0.000	1
6	5.000	5689	19091770	15:47:46下午星期六,九月11,2021	1	1	1	0	0.000	0.000	1	1	1	0	0.000	0.000	1	1	1	0	0.000	0.000	1
7	6.000	5701	19092975	15:47:47下午星期六,九月11,2021	1	1	1	0	0.000	0.000	1	1	1	0	0.000	0.000	1	1	1	0	0.000	0.000	1
8	7.000	5711	19093978	15:47:48下午星期六,九月11,2021	1	1	1	0	0.000	0.000	1	1	1	0	0.000	0.000	1	1	1	0	0.000	0.000	1
9	8.000	5721	19095005	15:47:49下午星期六,九月11,2021	1	1	1	0	0.000	0.000	1	1	1	0	0.000	0.000	1	1	1	0	0.000	0.000	1
10	9.000	5732	19096118	15:47:50下午星期六,九月11,2021	1	1	1	0	0.000	0.000	1	1	1	0	0.000	0.000	1	1	1	0	0.000	0.000	1
11	10.000	5752	19098152	15:47:53下午星期六,九月11,2021	1	1	1	0	0.000	0.000	1	1	1	0	0.000	0.000	1	1	1	0	0.000	0.000	1
12	11.000	5764	19099517	15:47:54下午星期六,九月11,2021	1	1	1	0	0.000	0.000	1	1	1	0	0.000	0.000	1	1	1	0	0.000	0.000	1
13	12.000	5776	19100722	15:47:55下午星期六,九月11,2021	1	1	1	0	0.000	0.000	1	1	1	0	0.000	0.000	1	1	1	0	0.000	0.000	1
14	13.000	5786	19101722	15:47:56下午星期六,九月11,2021	1	1	1	0	0.000	0.000	1	1	1	0	0.000	0.000	1	1	1	0	0.000	0.000	1
15	14.000	5796	19102743	15:47:57下午星期六,九月11,2021	1	1	1	0	0.000	0.000	1	1	1	0	0.000	0.000	1	1	1	0	0.000	0.000	1
16	15.000	5806	19103742	15:47:58下午星期六,九月11,2021	1	1	1	0	0.000	0.000	1	1	1	0	0.000	0.000	1	1	1	0	0.000	0.000	1
17	16.000	5816	19104742	15:47:59下午星期六,九月11,2021	1	1	1	0	0.000	0.000	1	1	1	0	0.000	0.000	1	1	1	0	0.000	0.000	1
18	17.000	5826	19105742	15:48:00下午星期六,九月11,2021	1	1	1	0	0.000	0.000	1	1	1	0	0.000	0.000	1	1	1	0	0.000	0.000	1
19	18.000	5836	19106761	15:48:01下午星期六,九月11,2021	1	1	1	0	0.000	0.000	1	1	1	0	0.000	0.000	1	1	1	0	0.000	0.000	1
20	19.000	5846	19107771	15:48:02下午星期六,九月11,2021	1	1	1	0	0.000	0.000	1	1	1	0	0.000	0.000	1	1	1	0	0.000	0.000	1
21	20.000	5856	19108776	15:48:03下午星期六,九月11,2021	1	1	1	0	0.000	0.000	1	1	1	0	0.000	0.000	1	1	1	0	0.000	0.000	1
22	21.000	5866	19109778	15:48:04下午星期六,九月11,2021	1	1	1	0	0.000	0.000	1	1	1	0	0.000	0.000	1	1	1	0	0.000	0.000	1
23	22.000	5876	19110785	15:48:05下午星期六,九月11,2021	1	1	1	0	0.000	0.000	1	1	1	0	0.000	0.000	1	1	1	0	0.000	0.000	1
24	23.000	5886	19111791	15:48:06下午星期六,九月11,2021	1	1	1	0	0.000	0.000	1	1	1	0	0.000	0.000	1	1	1	0	0.000	0.000	1
25	24.000	5896	19112828	15:48:07下午星期六,九月11,2021	1	1	1	0	0.000	0.000	1	1	1	0	0.000	0.000	1	1	1	0	0.000	0.000	1
26	25.000	5906	19113853	15:48:08下午星期六,九月11,2021	1	1	1	0	0.000	0.000	1	1	1	0	0.000	0.000	1	1	1	0	0.000	0.000	1

图 3.33　数据记录文件格式

3.6.5　移动设备加载控制

在加载现场建立 Wi-Fi 局域网，可通过手机、平板等网络设备完成加载控制操作，并实时监控荷载情况等。平板加载控制界面如图 3.34 所示。

加载界面左上方为加载状态区。其中，绿色为连接指示灯，可指示与加载主控制器连接是否成功；黑色为加载状态指示灯，加载中指示灯点亮；红色为连接异常指示灯。右上方为同步加载控制区，可快速全选加载点同步加载或停止加载，也可在下方勾选所需加载点，设定不同点位加载目标值进行同步加载。左下方通道状态区可查看所有通道进 / 出水状态、当前通道力值。右下方通道设置及单点加载区，可设置单点目标荷载和单点加载测试。

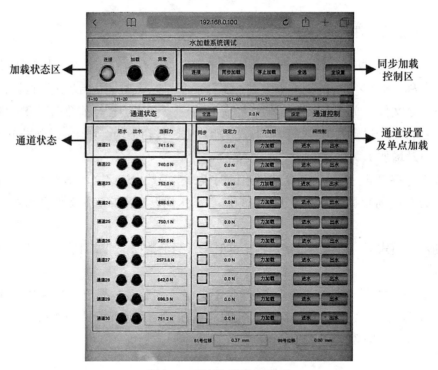

图 3.34　平板加载控制界面

第4章 试验测量系统

测量评定结构性能的定量数据，如应变、位移、力值、裂缝、振动等，是结构试验的重要部分。本章对结构试验测量技术进行简要概述，介绍了结构试验传统应变和位移测量技术，以及三种新兴结构试验测量技术；并介绍了一种可进行结构三维测量和精度分析的 DACS-Measure 现场测量分析系统，该系统能够快速、精确、自动地对各类结构构件进行数据采集及尺寸与精度检查。

4.1 结构试验测量技术概论

试验数据的测量是结构试验的关键环节之一，只有测量得到准确、可靠的试验数据，才能通过数据处理得到正确的试验结果，对试件系统的工作特性有正确了解，对结构性能作出准确的评价，为建立新的计算理论提供依据。为了准确、可靠地采集数据，应该采用正确的测量方法，选用可靠的测量仪器设备。

精确定量数据的获取取决于测量仪器和测量技术的先进性。随着科学技术的发展、测量仪表和测量技术的不断完善与进步，先进的测量仪器不断出现。从最简单的逐个读数、手工记录数据的仪表，到计算机快速、连续自动采集数据并进行数据处理的测量系统，种类繁多、原理各异。要取得可靠的试验数据，就需要了解各种测试仪器，从而正确选择仪器仪表并掌握使用技术，取得更好的使用效果。

1. 测量仪器的基本组成

测量系统通常有三个基本组成部分：感受部分、放大部分和显示部分。其中，感受部分直接与被测对象联系，感受被测参数的变化并转换给放大部分；放大部分将感受部分的被测参数通过各种方式（如电子放大线路或光学放大等）进行放大；显示记录部分将放大后的测量结果，通过指针或电子数码管、屏幕等进行显示，或通过各种记录设备将试验数据或曲线记录下来。

感受部分也称为传感器，根据传感器工作原理的不同，可以分为机械式传感器、电测式传感器、光学传感器等。目前市场上有各种用途的传感器产品可以选购，也可根据试验目的和特殊需要自行设计制作。放大器及记录仪器则大部分属于通用仪器设备，有现成的产品可供选用。

2. 测量仪器的基本测量方法

零位测定法和偏位测定法是土木工程结构试验中通常采用的两种测量方法。零位测定法是用已知的标准量去抵消未知物理量引起的偏转，使被测物理量和标准量对仪器指示装置的效应经常保持相等，指示装置指零时的标准量就是被测物理量，例如静态电阻应变仪、称重天平等。偏位测定法根据测量仪器产生的偏转或位移定出被测值，例如百分表、杠杆应变仪及动态电阻应变仪都属于偏位测定法。一般零位测定法比偏位测定法更精确，尤其是电子仪器将被测物理量和标准量的差值放大后，可以达到很高的精度。

3. 测量仪器的主要性能指标

（1）量程

仪器能测量的最大输入量和最小输入量之间的范围。

（2）刻度值

仪表的指示或显示装置所能指示的最小测量值。

（3）精确度

仪表的指示值与被测值的符合程度，常以满量程时相对误差表示，并以此确定仪器的精度等级。例如，一台精度为 0.2 级的仪器，表示其测定值的误差不超过最大量程的 ±0.2%。

（4）灵敏度

单位输入量所引起的仪表示值的变化。对于不同用途的仪表，灵敏度的单位也各不相同，如百分表的灵敏度单位是 mm/mm，测力传感器的灵敏度单位是 $\mu\varepsilon/kg$。

（5）分辨率

仪表示值发生变化的最小输入变化值。

（6）滞后

仪表的输入量从起始值增至最大值的测量过程称为正行程，输入量由最大值减至起始值的测量过程称为反行程。同一输入量正、反两个行程输出值间的偏差称为滞后，常以满量程中的最大滞后值与满量程输出值之比表示。

（7）零位温漂和满量程热漂移

零位温漂是指当仪表的工作环境不为 20℃时零位输出随温度的变化率，满量程热漂移是指当仪表的工作环境不为 20℃时满量程输出随温度的变化率。它们都是温度变化的函数，一般由仪表的高低温试验得出其温漂曲线并在试验中修正。

（8）频响特性

仪器在不同频率下灵敏度的变化特性。常以频响曲线（一般以对数频率值为横坐标，以相对灵敏度为纵坐标）表示。

（9）线性范围

保持仪器的输入量和输出信号为线性关系时，输入量的允许变化范围。在动态测量中，对仪表的线性度应严格要求，否则测量结果将会产生较大的误差。

（10）相移特性

振动参量经传感器转换成电信号或经放大、记录后在时间上产生的延迟称为相移。若相移特性随频率而变化，则对于具有不同频率成分的复合振动将引起输出电量的相位失真。常以仪器的相频特性曲线来表示其相移特性。在使用频率范围内，输出信号相对于信号的相位差应不随频率改变而变化。

4. 测量仪器的选用原则

（1）满足测量所需的量程和精度要求。在选用仪器前，应先对被测值进行估算，一般应使最大被测值在仪器量程的 2/3 左右，以防仪器超量程而损坏；同时，为保证测量精度，应使仪器的最小刻度值不大于被测值的 5%。

（2）测量仪器要求自重轻、体积小，不应影响结构的工作。

（3）同一试验中选用的仪表种类应尽可能少，以便统一数据的精度，简化测量数据的整理，减少误差。

（4）动态试验测量仪表的线性范围、频响特性以及相移特性等都应满足试验要求。

（5）选用仪器时要考虑试验的环境条件。例如，在野外试验时，仪器受到风吹日晒，环境温湿度变化大，宜选用机械式仪器。

（6）选用仪表时应首先满足试验的要求，不可盲目选用高精度、高灵敏度仪器。应从试验实际出发，一般测定结果的最大相对误差不大于 5% 即可满足要求。

4.2　结构试验传统应变和位移测量技术

4.2.1　应变测量技术

应力测量是结构试验中的重要测量内容，用于了解构件的应力分布情况，特别是结构危险截面处的应力分布及最大应力值，是建立强度计算理论或验证设计合理性、计算方法正确性的重要依据，也是评定结构力学性能的重要指标。目前应力很难直接测定，一般的方法是测定应变，然后通过材料的应力－应变关系曲线或方程换算为应力值。

应变测量方法主要分为机测和电测两类。机测法是最早的应变测量方法，包括双杠杆应变仪、接触式千分表应变仪和手持式应变仪等，此类机械式应变测量仪器需要人工读数，测量精度较低，在结构试验中已很少使用。电测法即利用应变电测和传感器技术进行应变测量，该方法精度、灵敏度高，可实现远距离和多点测量，数据采集快速，自动化程度高，而且便于将测量数据信号与计算机连接，实现计算机控制和用计算机分析处理试验数据。电测法又以电阻应变计测量为主，即通过粘贴在试件测点的感受元件与试件同步变形，输出电信号进行测量和处理。

1. 电阻应变计工作原理

电阻应变计，又称电阻应变片，是电阻应变测量系统的感受元件。电阻应变片的工作原理是基于电阻丝具有应变效应，即电阻丝的电阻值随其变形而发生改变（图 4.1），电阻丝的电阻 R 计算如下：

$$R = \rho \frac{L}{A} \tag{4.1}$$

式中　ρ——电阻率（$\Omega \cdot mm^2/m$）；

　　　L——电阻丝长度（m）；

A——电阻丝截面面积（mm^2）。

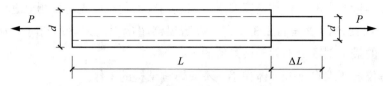

图 4.1　电阻丝的电阻应变原理

当电阻丝受到拉伸或压缩后，其长度、截面面积和电阻率都随之发生变化，电阻变化率可由式（4.1）取对数并进行微分得到：

$$\frac{\mathrm{d}R}{R} = \frac{\mathrm{d}l}{l} - \frac{\mathrm{d}A}{A} + \frac{\mathrm{d}\rho}{\rho} \tag{4.2}$$

根据材料的变形特点，可令：$\frac{\mathrm{d}l}{l} = \varepsilon$，$\frac{\mathrm{d}A}{A} = -2\upsilon\varepsilon$，因此，式（4.2）可写为：

$$\frac{\mathrm{d}R}{R} = (1+2\upsilon)\varepsilon \tag{4.3}$$

令 $K_0 = 1 + 2\upsilon$，可得：

$$\frac{\mathrm{d}R}{R} = K_0\varepsilon \tag{4.4}$$

式中　υ——电阻丝材料的泊松比；

　　　K_0——电阻丝的灵敏系数。

对大多数电阻丝而言，υ 为定值，K_0 为常数。电阻丝的电阻变化率与应变值呈线性关系，当金属电阻丝用胶贴在构件上与构件共同变形时，便可由式（4.4）中的电量－非电量转换关系得到试件的应变 ε。

2. 电子应变计的构造和主要技术指标

电阻应变计的种类很多，按栅极分有丝绕式、箔式、半导体等；按基底材料分有纸基、胶基等；按使用极限温度分有低温、常温、高温等。常见的电阻应变计如图4.2所示。

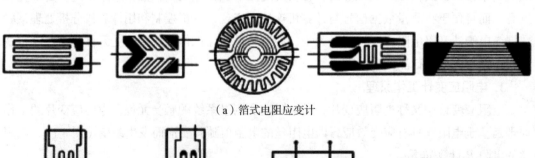

（a）箔式电阻应变计

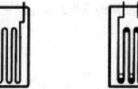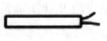

（b）丝绕式电阻应变计　（c）短接式电阻应变计　（d）半导体电阻应变计　（e）焊接电阻应变计

图 4.2　常见的电阻应变计

不同用途的电阻应变计，其构造有所不同，但都有敏感栅、基底、覆盖层和引出线，如图 4.3 所示。敏感栅是将应变换成电阻变化量的敏感部分，一般用金属或半导体材料制成；基底使电阻丝和被测构件之间绝缘并使敏感栅定位；覆盖层保护电阻丝免受划伤并避免敏感栅间短路；引出线与测量导线连接，一般采用镀银或镀合金的软铜线制成，与电阻丝焊接在一起。

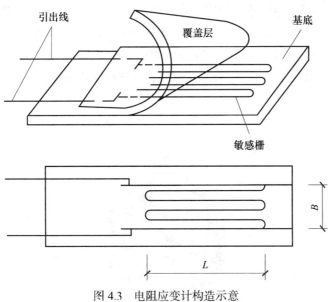

图 4.3 电阻应变计构造示意

电阻应变计的主要技术指标如下。

（1）标距：敏感栅在纵轴方向的有效长度 L。

（2）规格：以使用面积 $L \times B$ 表示。

（3）电阻值：通常电阻应变片的电阻值为 120Ω，否则应加以调整或对测量结果予以修正。

（4）灵敏系数：出厂前经抽样试验确定。使用时，必须把应变仪上的灵敏系数调节器调整至应变片的灵敏系数值，否则应对测量结果进行修正。

（5）温度适用范围：主要取决于胶合剂的性质。可溶性胶合剂的工作温度为 $-20 \sim +60\,℃$；经化学作用而固化的胶合剂，其工作温度为 $-60 \sim +200\,℃$。

电阻应变片出厂时，根据每批电阻应变片的电阻值、灵敏系数等指标，将其名义值的偏差程度分为 A、B、C、D 四级。使用时根据试验测量的精度要求选定所需电阻应变片的等级，结构试验一般应选用不低于 C 级的应变片。

4.2.2 位移测量技术

结构试验中，传统的位移测量方法可分为接触式测量和非接触式测量两类。接触式测量主要利用千分表或经典位移传感器实现，非接触式测量包括使用非接触式位移传感器和基于光学原理进行位移测量的各种方法。

1. 线位移传感器

（1）接触式位移计

接触式位移计常用的有百分表和千分表。百分表主要由测杆、齿轮、指针和弹簧等零件组成，使用时测杆与结构表面接触，如图4.4所示。当结构变形时，测杆弹簧可使测杆随结构变形，齿轮将感受到的变形加以放大或变换方向，通过指针的转动（即表盘读数）可得到线位移。百分表的最小刻度值为0.01mm，量程一般为10mm，30mm和50mm。千分表的组成与百分表基本相同，最小刻度值为0.001mm，量程一般不超过2mm，使用时将位移计安装在磁性表架上，用表座横杆上的颈箍夹住表的颈轴，并将测杆顶住测点，使测杆与被测物体表面保持垂直。表架的表座应放在铁磁性相对静止的点上，打开表座上的磁性开关固定表座。

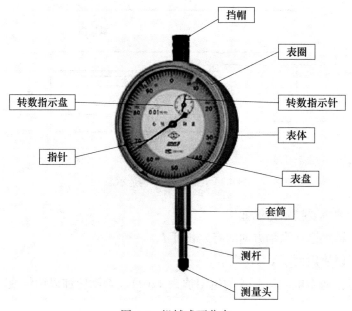

图4.4　机械式百分表

（2）电阻应变式位移传感器

电阻应变式位移传感器由弹性敏感元件、电阻应变计、补偿电阻和外壳组成，可根据具体测量要求设计成多种结构形式，如图4.5所示。其核心部件是悬臂弹性簧片，一端固定在仪器外壳上，自由端固定有弹簧，弹簧与指针固结，簧片上粘贴4个应变片，组成测量桥路。测杆通过弹簧与簧片（悬臂梁）相连，当测杆随试件变形移动时，带动弹簧使悬臂梁受力产生变形，通过电阻应变仪测得电阻应变片的应变变化，再转换成试件的位移量。

（3）滑线电阻式位移传感器

滑线电阻式位移传感器由测杆、滑线电阻和触头等组成，如图4.6所示。触点将滑线电阻分成R_1和R_2，工作时分别接入电桥两相邻桥臂，并预调平衡，当测杆向下移动一个位移δ时，带动触点移动，电阻值发生变化，R_1增大ΔR_1，R_2减小ΔR_1。由桥路输出原理即可得到输出电压，并转换成位移量，量程可达10～100mm。

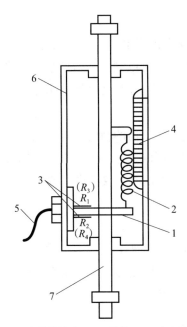 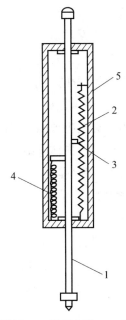

1—悬臂弹性簧片；2—弹簧；3—应变片；
4—刻度；5—电缆；6—外壳；7—测杆

图 4.5　电阻应变式位移传感器

1—测杆；2—滑线电阻；3—触头；
4—弹簧；5—外壳

图 4.6　滑线电阻式位移传感器

（4）差动变压器式位移传感器

差动变压器式位移传感器包括一个初级线圈和两个次级线圈，分内外两层，共同绕在一个圆筒上，圆筒内放置一个能自由上下移动的铁芯，如图 4.7 所示。其工作原理是通过高频振荡器产生参考电磁场，当与被测物体相连的铁芯在两组感应线圈之间移动时，由于铁芯切割磁力线，改变了电磁场的强度，感应线圈的输出电压发生变化。通过标定，确定输出电压与位移的关系。

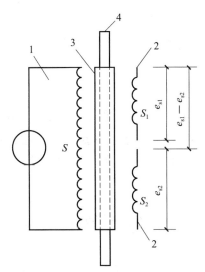

1—初级线圈；2—次级线圈；3—圆筒；4—铁芯

图 4.7　差动变压器式位移传感器

（5）线位移测量的其他仪器

线位移还可以采用其他的简化方法。如用水平仪进行测量，不仅可以进行多点测量，对大位移测量既方便又安全，即使构件进入破坏阶段仍然可以测量。新型水平仪附设有能进行 0.1mm 精度测量的光学副尺，可进行精度要求不严格的工程测量。此外，还可以用精度为 1mm 的方格纸做标尺进行测量。

测量仪器的类型应根据试验需求和仪器性能来选择，仪器的精度应与被测位移的大小相适应。试验前应预先估算结构变形量，以便选择相匹配的仪器；为了满足后期大变形测量的需要，可以在弹性阶段和塑性阶段分别采用不同精度的测量仪器进行测量。

2. 角位移传感器

（1）杠杆式测角器

杠杆式测角器利用一个刚性杆和两个位移计，可测量框架节点、结构截面或支座处的转角，如图 4.8 所示。将刚性杆固定在结构的测点上，结构变形时带动刚性杆转动，利用位移计测出 3、4 两点的位移，在经过以下换算即可得到转角：

$$\alpha = \arctan \frac{\delta_4 - \delta_3}{L} \tag{4.5}$$

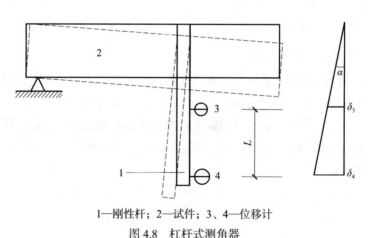

1—刚性杆；2—试件；3、4—位移计

图 4.8　杠杆式测角器

（2）水准式倾角仪

水准式倾角仪的构造如图 4.9 所示。水准管安置在弹簧片上，一端铰接于基座上，另一端被微调螺丝顶住。当仪器用夹具安装在测点上后，通过微调螺丝使水准管的气泡居中，结构变形后气泡漂移，再转动微调螺丝使气泡重新居中，度盘前后两次读数的差即为测点的转角：

$$\alpha = \arctan \frac{h}{L} \tag{4.6}$$

（3）电子倾角仪

电子倾角仪是一种传感器，通过电阻的变化来测定结构的转角，主要装置是一个盛有高稳定性导电液体的玻璃器皿，在器皿中等距离设置三根电极 A、B、C，并垂直固定于器皿底面，如图 4.10 所示。当传感器水平时，导电液体的液面保持水平，三根电极浸入液体长度相等，故 A、B 极和 B、C 极之间的电阻值相等。使用时将倾角仪固定在结构测点上，结构发生微小转动，倾角仪随之转动。导电液体始终保持水平，此时电极浸入液体长度发生变化。若将 AB、BC 视作惠斯通电桥的两个桥臂，则利用桥路输出原理就可以换算得到倾角。

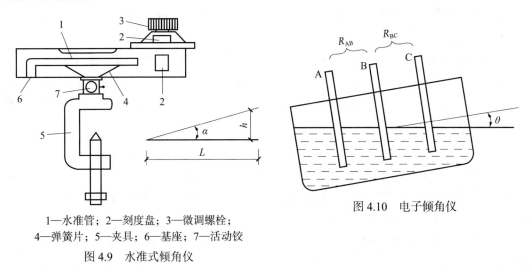

1—水准管；2—刻度盘；3—微调螺栓；
4—弹簧片；5—夹具；6—基座；7—活动铰
图 4.9　水准式倾角仪

图 4.10　电子倾角仪

4.3　新兴结构试验测量技术

随着大跨度桥梁、高层建筑、空间网架和网壳等各种结构的发展，结构工程学科对结构整体工作性能和结构非线性性能等问题的研究需求日益突出。目前，结构试验在作用方式上，已从传统的静态、准静态试验逐步发展到拟动力、动力试验；在空间尺度上，也从常规尺度试验向微细观材性试验和足尺度结构试验拓展。传统的结构试验测量技术在测量量程、测量维度、测量频率以及测点布置等方面已难以满足现代结构试验的要求。为了适应结构试验的发展需求，传统的结构试验测量技术结合各种新兴技术不断完善和创新，发展出如数字图像相关技术、近景摄影测量技术、三维激光扫描测量技术等新兴结构试验测量技术。

4.3.1　数字图像相关技术

1. 数字图像相关技术的原理与特点

数字图像测量技术本质上是一种基于数字图像处理和数值分析的非接触全场位移变形测量光学方法，其基本原理是：通过分析比较材料或结构表面在变形前后形成的具有一定灰度分布的数字图像（散斑图），运用相关算法获得变形过程的位移场和应变场。相较于其他测量技术，该技术不仅测量条件要求较低，还具有数据获取简单、非接触、测量精度高、全场测量等优点。近年来，随着计算机性能的进步、相机像素的提高，数字图像相关技术被广泛应用在医学、材料科学、航空航天等领域。相比于传统的电测法和光测法，数字图像相关技术具有以下优势。

（1）测量设备简单，试验成本低。试验中所需的硬件设备仅为被测表面变形前后的图像采集设备，如图像传感器（和配套的三脚架）、计算机、标定物、光源（必要时）等，且仅需采集不同时刻的试件的图像信息即可完成测量，操作简便。

（2）试验条件要求较低，环境适应性好。对测量环境要求低，不需进行隔振，而且可用白光或自然光照代替激光，适用于室外测量。

（3）测量范围。数字图像相关技术无须借助传感器，没有温度、湿度等条件限制，适用范围更广，可测量的尺度也更大，测量过程自动化程度高。数字图像相关技术中需要人工完成的仅有架设相机、布置标定物、喷涂人工散斑标记点等一些简单的工作，而图像采集、处理、分析和计算等都是通过计算机程序自动完成。

（4）分辨率可灵活调整。根据不同的试验需要，可采用相适应的各种高分辨率数字化图像采集设备，如利用数字图像相关光学显微镜、激光扫描共聚焦显微镜、扫描电子显微镜、原子力显微镜和扫描隧道显微镜等进行微纳米尺度下的变形测量，或与高速动态摄影设备相结合，实现结构的高速瞬态变形测量。

（5）全场测量。在接触测量中，传感器需要布设在被测试件的测点上，而测点的数量是有限的，无法或者很难得到全场的位移变形数据。而数字图像相关技术通过分析采集到的变形前后的数字图像，可以得出被测试件全场的位移场和应变场。

2. 数字图像相关技术在试验中的应用

数字图像相关技术自 20 世纪 80 年代诞生以来，国内外学者提出了各种新理论、新算法使其不断完善和进步，数字图像相关技术也在位移变形测量试验中应用越来越多。我国数字图像相关技术的工程应用研究与国外相比起步较晚，但近些年来进展迅速，取得了不错的应用成果。高建新对数字散斑相关技术的基本原理进行系统分析，并提出该技术在宏观和细观力学测量中的应用，奠定了我国数字图像相关技术发展的基础；马少鹏等把该技术用在了岩石的变形观测中；白晓虹等将数字图像相关技术运用到了钢材拉伸试验中；郭鹏飞等通过数字图像相关技术测量得到钢筋锈蚀过程中的膨胀力；徐飞鸿等提出基于加权光强系数的塑性变形识别方法，利用数字图像相关技术引入光强相关系数的计算来判别被测点是否进入塑性变形阶段，该方法能够直观地识别出塑性变形区域；陈思颖等利用数字图像相关理论和自主设计的高分辨率光学观测系统，捕捉了试件在冲击荷载作用下绝热剪切带的动态实时演化过程；戴宜全等针对混凝土构件的特性，优化数字图像相关技术算法，并将其应用于低周往复荷载作用下混凝土构件转角的测量。随着数字图像相关技术的算法进步和精度提高，现已越来越多地应用到土木试验及工程现场的位移变形测量中。

4.3.2 近景摄影测量技术

1. 近景摄影测量技术的原理与特点

近景摄影测量是摄影测量与遥感学科的一个分支，以摄影测量为手段，对被研究对象进行摄影，运用影像传感器获取物体的影像信息（模拟信号或数字信号），通过专业的解析软件，解算出被测物体形状大小、空间位置和运动状态等信息。近景摄影测量不伤及被测目标物体，不干涉被测物自然状态，可在恶劣条件下（如水下、放射性强、有毒、缺氧以及噪声环境）作业，其测量信息量大、信息易于存储，特别适用于含有大批测量点位的目标测量。近景摄影测量技术已被广泛应用于国民经济和科学研究的各个领域，如文物保护、医学、工业制造、土木工程、航天航空等。该技术具有以下优势。

（1）可利用图像或影像作为信息载体，适用于被测点众多的目标。

（2）非接触测量，不干涉被测物的自然状态，可完成恶劣环境下的测量。

（3）可在瞬间精确记录下被摄物体的信息，得到瞬间的点位关系。视作业目的不同，作业方法有较大的灵活性。

（4）相片信息丰富，能够客观显示被测物体的表面信息，适用于各种规则或者不规则物体的测量。

（5）适于对不可接触物体的测量，如电弧、燃烧、爆炸等。

（6）在具有同步装置的条件下，可测量动态目标的运动轨迹及变化规律。

（7）对控制点的布设及精度要求较高，但与传统的大地测量相比，可大大减少外业工作。

（8）相片可长期保存，有利于检查、分析及对比。

2. 近景摄影测量技术在试验中的应用

近景摄影测量技术由于其测量范围广、测量精度高、动态采集频率高等优点，在土木工程、工业制造、航天航空等领域已有广泛的应用。其中，在土木工程领域，近景摄影测量主要有三方面的应用：① 结构的变形监测以及损伤的定位和识别；② 结合光测力学和材料力学，对具有特殊形态或特殊材质材料进行不同荷载作用的材性试验，利用数字图像相关技术对摄像机捕获的试验图像进行分析，获得试件的位移和变形信息；③ 用于建筑结构的静力或动力测试，获取结构物在试验过程中的变形参数和位移、速度、加速度等动力学参数。例如，田国伟等基于数字图像处理技术研究了振动台试验中动态位移的非接触式测量方法；李玲等针对连续性倒塌试验的特点开发出测量结构失效过程竖向和水平位移的摄影测量系统。

4.3.3　三维激光扫描测量技术

1. 三维激光扫描测量技术原理与特点

三维激光扫描测量技术，又称实景复制技术，以其非接触、扫描速度快、获取信息量大、精度高、实时性强、全自动化、复杂环境测量等优点，克服传统测量仪器的局限性，成为直接获取目标高精度三维数据，并实现三维可视化的重要手段。三维激光扫描测量技术是一种面状形式的测量技术，可提供海量的点云数据，对变形监测来说相当于布设了一个高密度、高精度的监测网，对结构细节处的形变信息和整体变化都能进行检测及形变评估。主要核心技术包括：① 空间点阵扫描技术。控制多面反射棱镜的转动，使激光光束

沿 X、Y 两个方向进行快速扫描，实现高精度的小角度扫描间隔、大范围扫描幅度及高帧频成像。② 激光无反射棱镜长距离快速测距技术。仪器向目标射出光束，根据激光飞行时间计算仪器到目标点的距离。

三维激光扫描测量技术具有以下优势。

（1）非接触测量。三维激光扫描测量技术采用非接触扫描目标的方式进行测量，无需反射棱镜，对扫描目标物体不需进行任何表面处理，可用于解决危险目标、环境（或柔性目标）及人员难以企及的情况。

（2）高分辨率、高精度。三维激光扫描测量技术可以快速、高精度地获取海量点云数据，并对扫描目标进行高密度的三维数据采集，从而达到高分辨率的目的。

（3）数据采样率高，通过激光发射进行扫描测量，能够有效节省测量时间。采用脉冲激光或时间激光的三维激光扫描仪采样点速率可达到每秒数千点，而采用相位激光方法测量的三维激光扫描仪甚至可以达到每秒数十万点。

（4）利用自发光束进行测量操作，不受光线条件影响。三维激光扫描测量技术采用主动发射扫描光源（激光），通过探测自身发射的激光回波信号来获取目标物体的数据信息。

（5）自动化程度高，设备体积小，对操作人数要求低，测量成本投入少。

（6）数字化采集，兼容性好。三维激光扫描测量技术所采集的数据是直接获取的数字信号，具有全数字特征，易于后期处理及输出。用户界面友好的后处理软件能够与其他常用软件进行数据交换及共享。

（7）可与外置数码相机、GPS 系统配合使用。这些功能大大扩展了三维激光扫描技术的使用范围，对信息的获取更加全面、准确。

（8）结构紧凑、防护能力强，适合野外使用。目前常用的扫描设备一般体积小、重量轻、防水、防潮，对使用条件要求不高，环境适应能力强，适于野外使用。

2. 三维激光扫描测量技术的应用

三维激光扫描测量技术极大地降低了测量成本，节约时间，使用方便，因而适用范围广，在工程测量、变形监测、文物保护、森林／农业、医学研究、工业制造等领域都有很大的发展空间。在土木工程领域，三维激光扫描测量技术常用于以下方面。

（1）建筑文物保护。三维激光扫描测量技术以不损伤物体的手段，获得文物的外形尺寸和表面纹理，这样做成的电子文献，信息完整，易于保存，并且能详细了解表面，可随时方便地得到等值线、断面、剖面等信息。当建筑和文物遭到破坏后，能及时而准确地修复和恢复数据。

（2）变形监测。传统采用 GPS、全站仪或近景摄影测量方式进行变形监测时，需要在变形体上布设监控点，这些监控点的数量有限，很难完全体现出整个变形体的实际情况。而三维激光扫描测量技术可以进行均匀、高精度、高密度的测量，获得更多的信息，应用于滑坡、雪崩、岩崩等危险地方，有效监控变化范围及其量级，利于防灾减灾工作。

（3）获取三维建筑模型。三维激光扫描测量技术应用于建筑物测绘时，可通过从三维立体模型中提取特征线与轮廓线绘制出建筑物的立面图、平面图及剖面图等。

4.4　DACS-Measure 现场测量分析系统

4.4.1　DACS-Measure 系统概述

DACS-Measure 现场测量分析系统（简称 DACS-Measure 系统）是由长期从事船舶制造的工程技术人员和专业软件开发师工程在借鉴国内外先进经验、技术的基础上开发完成的，用于船舶制造过程现场数据采集、尺寸检查、几何量检查、三维精度控制、三维精度分析等的专用系统。

该系统以系统软件为核心，集成现代高精度全站仪及各种附件，能够快速、精确、自动地对各种焊接件、船体分段、船体合拢进行数据采集及尺寸与精度检查。软件基于 Microsoft Windows 操作系统，采用便于现场携带的 Windows 平板电脑运行，操作简单、功能丰富、界面友好，其强大的可视化效果，可帮助现场人员快速对分段进行测量分析。操作人员经简单培训即可掌握并迅速投入实际工作。

4.4.2　DACS-Measure 系统特点

采用 DACS-Measure 现场测量分析系统，测量现场即可获得建造精度，可更加快捷、方便地指导现场施工。系统应用如图 4.11 所示。DACS-Measure 系统具有如下特点。

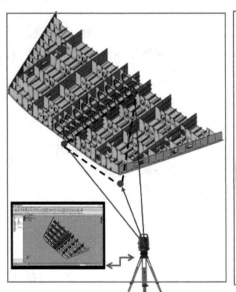

图 4.11　DACS-Measure 现场测量分析系统应用示意

（1）可导入分段设计三维模型，现场测量更加直观可靠。

（2）无须测站坐标，随意架站（架设全站仪只需整平，无须对中）、随意搬站，轻松测量隐蔽点。

（3）数据自动记录，操作简单，即使非专业人员也能轻松应对。

（4）观测数据不可修改，保证结果真实性。

（5）软件支持多种坐标轴创建方式，如：X轴1,2、X轴1,2-Y轴3、X轴1,2-Z轴3、Y轴1,2-X轴3及连接测量。

（6）多种坐标系转换算法，现场可快速进行实测点位与设计点位的检核及精度控制。

（7）丰富的计算功能，现场可进行各种空间几何量的求解和分析。

（8）根据气象条件自动进行误差修正，大大提高数据测量精度。

（9）测量精度高、速度快，测距范围大，可从几米到几十米甚至上百米。

（10）支持全站仪种类多，附件种类齐全，能够满足各种特殊工作环境需求。

（11）系统软件界面可选择显示中、英、日、韩四种语言。

4.4.3　DACS-Measure 系统功能简介

1. 通信设置

架设连接仪器，在软件中进行通信设置，如图4.12所示。

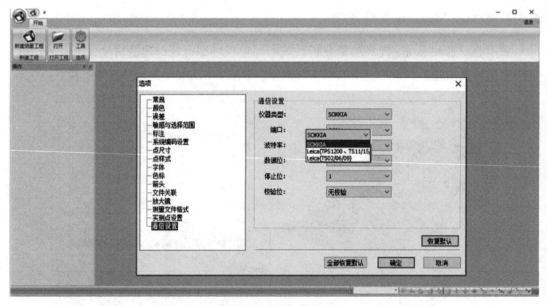

图4.12　通信设置

2. 测量步骤

新建测量工程，选择适应的测量类型，软件提供了多种测量类型，包括X轴1,2、X轴1,2-Y轴3、X轴1,2-Z轴3、Y轴1,2-X轴3、连接测量五种，可根据现场测量需要选定，如图4.13所示。

前四种测量类型可根据现场分段姿态进行自定义坐标系创建，如：X轴1,2，第一个测量点确定坐标系原点，1、2点确定X轴，Z轴默认垂直向上，根据右手坐标系原则确定坐标系，如图4.14所示。点击"测量"按钮，测得数据如图4.15所示。测量完成，导入设计模型，进行设计点（精度控制点）标注及变换匹配，即可进行精度分析。

图 4.13　新建测量工程

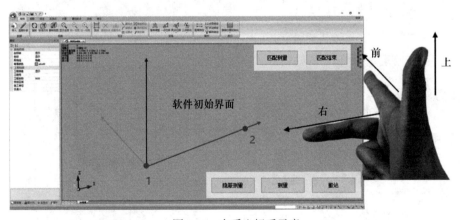

图 4.14　右手坐标系示意

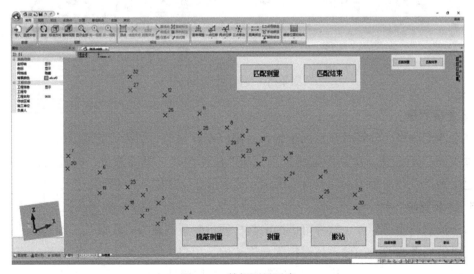

图 4.15　数据测量示意

3. 设计点标注

软件提供多种设计点标注功能，可以在设计模型上提取任意位置的点坐标值，以供施工作业精度参考。如图 4.16 所示。

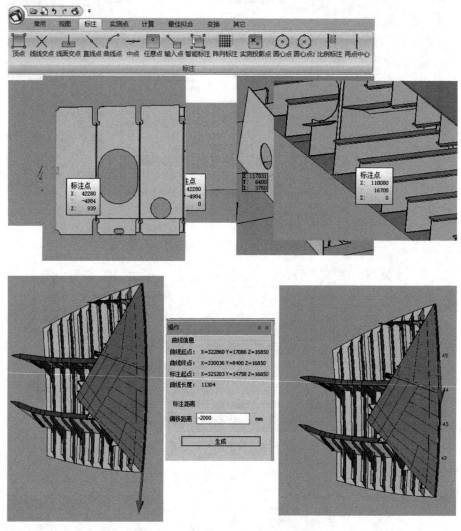

图 4.16 设计点标注示意

4. 连接测量

结束匹配测量会计算并显示匹配偏差，用户查看偏差，如在精度范围内，接受；不符合精度要求，不接受，重新匹配测量。完成匹配测量后，继续测量，即进入正常测量模式，返回测量点会与相应设计点自动绑定并显示偏差。如图 4.17 所示。

5. 隐蔽测量

对于被遮挡的目标点，软件可借助隐蔽杆通过隐蔽测量方式获取其三维坐标值。隐蔽测量也提供参考偏差，如偏差超过精度允许范围，用户可以选择重新隐蔽测量，直至达到接收精度，点击"提交"按钮，完成隐蔽测量，获取隐蔽点坐标。如图 4.18 所示。

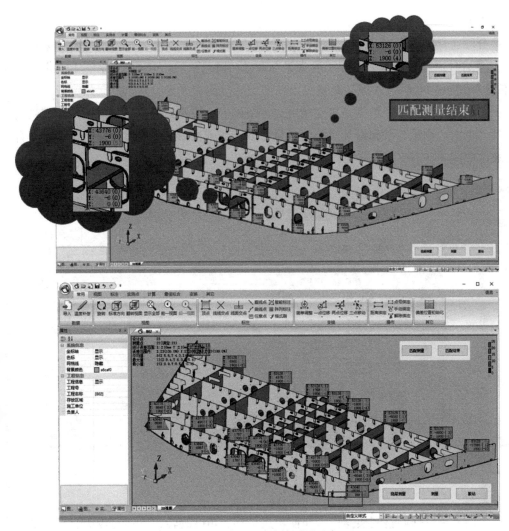

图 4.17 连接测量示意

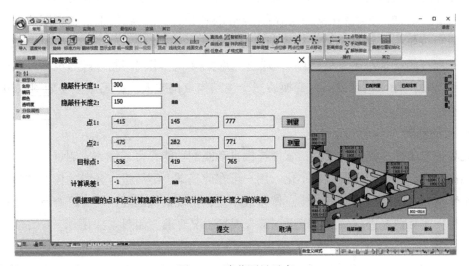

图 4.18 隐蔽测量示意

6. 搬站测量

测量分段通常需要至少一次搬站操作才可以完整采集分段测量数据。一站数据采集完成，即将搬站时，需要布置搬站点（通常是 360° 旋转标靶，也可以在搬站点上固定反射片），依次测量搬站点后进入搬站测量界面，搬站后复测搬站点，点击"搬站完成"可计算搬站偏差。用户查看偏差数据是否在精度允许范围内，决定是否接受本次搬站，接受则完成搬站，点击"测量"按钮继续后续的测量；不接受则重新测量搬站点，直至偏差符合精度要求。如图 4.19 所示。

图 4.19 搬站测量示意

7. 坐标变换

软件提供多种数据调整变换操作，如使用点平移、角度旋转、位移旋转功能等，便于对测量数据进行坐标变换，其作用主要是统一坐标系及对误差进行精密分析。一点位移旋转如图 4.20（a）所示。当分段存在沿某一轴倾斜问题，可在软件中通过选定两点指定旋转轴，进行绕轴指定位移旋转，达到调整分段姿态的目的，两点位移旋转如图 4.20（b）所示。选取三组特征点（主结构点），通过三点变换，可实现实测分段与设计分段匹配套合。三组特征点保证精度最高，变换后三个主结构点偏差最优，三点移动如图 4.20（c）所示。

8. 自动匹配

现场任意坐标系测量完成后，软件提供自动匹配功能，可一键完成测量数据和设计数据的匹配套合，达到整体偏差最小化。用户可在此基础上继续进行分段的偏差调整，减少前期工作量。自动匹配后所有结构点偏差最小化，实现最优匹配，用户可查看主结构位点偏差，根据实际情况进行微调，以更加符合现场工况要求。如图 4.21 所示。

9. 计算

软件可实现一键查看分段任意截面（结构面）的偏差，快速掌握宏观精度情况，如

图 4.22 所示；以及一键进行胎架数据计算，模型成胎后可直接上胎架存放，确保分段结构稳定性，如图 4.23 所示。软件提供丰富的尺寸计算功能，可拉取空间任意两点的尺寸距离，同时支持查看实际尺寸与设计尺寸的偏差，可以检查直角度，如图 4.24、图 4.25 所示；还可以计算分段上某一线型的长度，供现场施工作业参考，如图 4.26 所示。

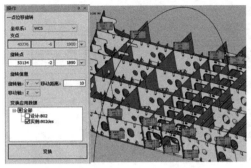
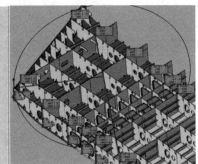

（a）一点位移旋转　　　　　　　　　　　　　　（b）两点位移旋转

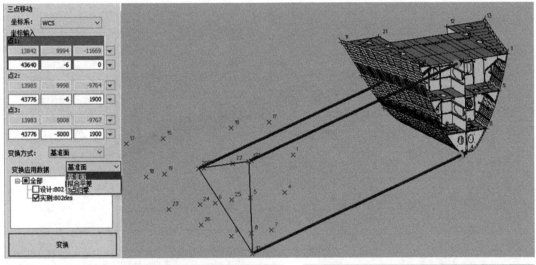

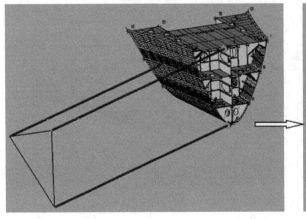
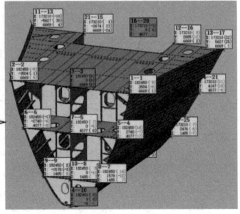

（c）三点移动

图 4.20　坐标变换示意

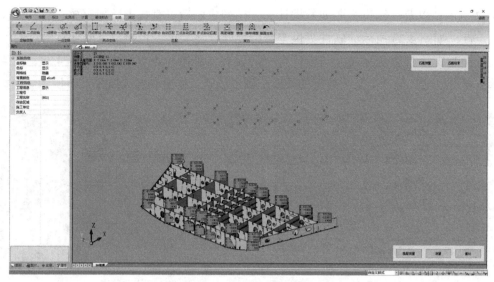

图 4.21　自动匹配示意

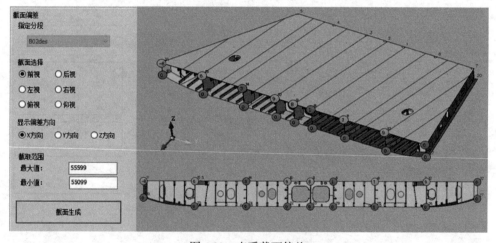

图 4.22　查看截面偏差

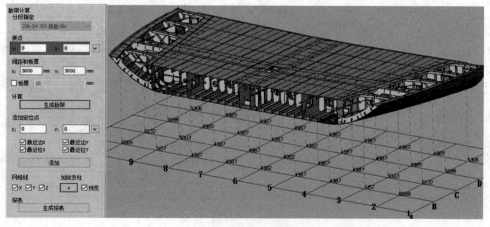

图 4.23　胎架计算

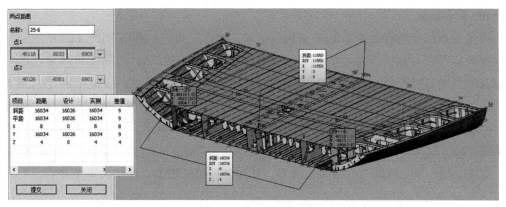

图 4.24　计算两点距离

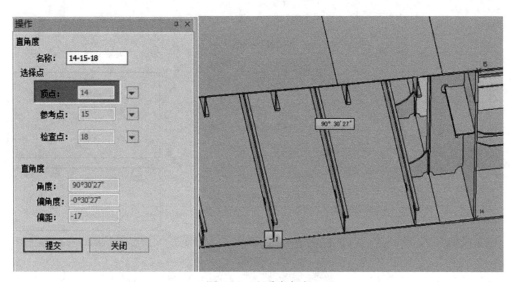

图 4.25　查看直角度

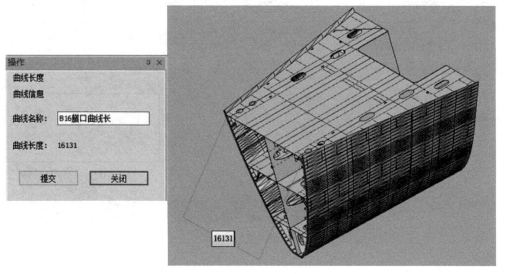

图 4.26　计算曲线长度

10. 拟合计算

通过平面拟合功能可查看某一结构面的平整情况，即平面度，如图 4.27 所示；可计算模型面以及拟合面的夹角，满足设计查看、实际检测的要求，如图 4.28 所示；还可查看拟合纵剖面与甲板面的夹角。对于管系结构无法直接测量的轴心或圆心，可通过测量管系壁上点，拟合出轴心或圆心数据，从而与设计进行精度对比。软件提供二乘法、向量法两种拟合圆心方法，满足不同工况的使用需求，如图 4.29 所示。对于管系轴心已知或可测量的管段，即管段轴心向量可知，可利用向量法拟合求圆心，这种方法不要求测量点位于管段同一剖面上，可随意在管壁上测点，从而降低测量要求，使结果更准确。

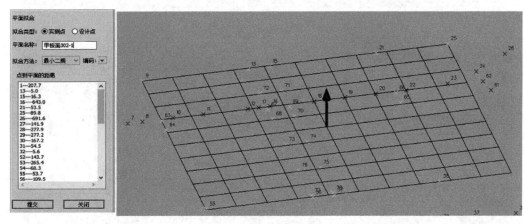

图 4.27　平面拟合

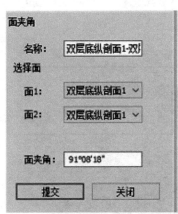
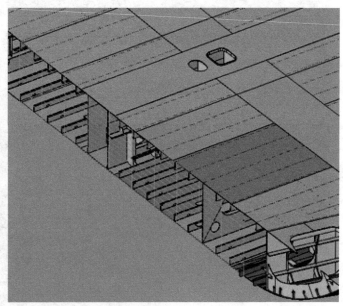

图 4.28　面夹角查看

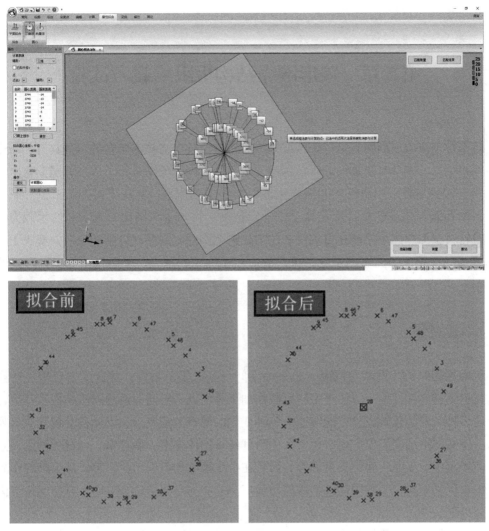

图 4.29　二乘法拟合示意

第5章 鞍形网壳结构极限承载力试验

后张拉预应力成形网壳是传统网架结构和后张拉预应力技术结合的一种具有创新性的空间网格结构。本章对改进的后张拉预应力成形鞍形网壳模型进行了成形和竖向极限承载力试验。试验加载采用由滑轮和绳索组成的新型加载体系，实现了对上弦节点加载，测试了各级荷载作用下的杆件应变和上弦节点挠度，得出了该结构的真实竖向承载力。绳索+滑轮新型加载体系能够在可接受的拉力损失范围内实现荷载分配和变向，解决了传统分配梁加载系统无法克服的难题，可广泛应用于网架、网壳、平面桁架等多种形式的结构中。

5.1 试验背景

空间网格结构（网架与网壳）是一种空间杆系、梁系结构，具有受力合理、计算简便、材料节省、杆件单一、便于工厂化制作加工等优点。不同曲面的网格结构及其组合可以提供多种新颖的建筑造型，能够适应各种变化的建筑造型要求，因此备受现代建筑师的青睐。空间网格结构不仅广泛应用于大中跨度建筑如体育馆、展览馆、会场、剧院、候车厅、商场超市、工业厂房、飞机库等，而且在中小跨度如单层工业厂房，甚至庭院小品等建筑中也屡见不鲜，是我国建筑领域应用最广泛的一类空间结构。然而，空间网格结构也存在着以下缺点。

（1）杆件和节点几何尺寸的偏差以及曲面的偏离对网格结构的内力、整体稳定性和施工精度影响较大。

网壳杆件长度没有微调功能，结构尺寸完全依赖制造精度。然而网壳大多对初始缺陷敏感，例如，初始缺陷可使双曲扁网壳承载力降低 46.8%。当结构和节点构造复杂、零件较多时，在目前粗放型制造工艺的大环境下，很难达到设计要求精度。所以，设计人员有时不得不采取加大安全系数的办法，以确保承载力。

（2）为减小初始缺陷，对于杆件和节点加工精度提出较高的要求，这就给制作加工增加了困难。

根据《空间网格结构技术规程》JGJ 7—2010 第 5.2 节的规定，螺栓球螺孔角度允许偏差为 ±30′；对于螺栓球节点和焊接球节点的杆件，制作长度允许偏差为 ±1mm；对于焊接钢板节点的型钢杆件，制作长度允许偏差为 ±2mm。

根据对网架制造厂家产品的抽检结果发现：① 螺孔角度合格率居然不足 50%，出现较多的是 1°～2° 的偏差。原因是多方面的，如机床精度不够、专用夹具精度不够、人为因素等。② 杆长允许误差严重超标。

加工精度的高标准必然要求制造工艺的提高，不考虑管理因素，这就要求对落后的设备彻底改造，需要大笔资金投入，这对于我国众多实力并不雄厚的钢构厂家而言很不现实。

（3）安装方法对网格结构的影响很大。

以最为常见的搭满堂脚手架高空散装法为例，首先应满足的条件是节点及支座定位精度；其次，脚手架要求有足够的刚度、强度，以承受网格结构巨大的自重、施工荷载与变形，并且设立足够多可调的节点标高控制点来随时调整施工阶段节点的定位标高。整体结构形成且各支座节点能正常工作之后方可拆卸脚手架，否则，将产生设计中难以预测和控制的初始变形。此外，采用空心球节点时，制订合理的拼装顺序及焊接工艺是必不可少的。若施工包含大量高空作业，施工安全和工程质量也不易保证。

综合上述可知，种种对加工精度、施工精度的严格要求以及安装过程大量用到的脚手架和起重机等起重设备，使得网格结构造价不菲。

针对网格结构的不足之处，国内外广大结构工作者做出了不懈努力，一批新型网格结构出现在世人面前，有的是安装方法革新带来的，有的是新的结构理念触发的，有的则是新施工方法和新结构理念二者交融的产物。其中就包括本章所述的后张拉预应力成形网壳，这种新型结构的设计思路是把预应力技术引入单弦杆平板网架中，张拉穿越下弦节点和下弦杆的索，在地面形成穹顶、柱面或鞍形网壳，便于质量控制，且建造过程可以大大减少对起重设备或脚手架的依赖。尽管仍处于探索阶段，但是，这种新型结构体系不仅体现出先进的施工理念，作为一种新颖的网格结构，还对目前空间结构计算理论提出了新课题。下面从两方面论述其产生的背景：① 网壳主要安装方法，主要阐述机构变结构的设计思路；② 预应力在钢结构成形建造中的应用。

5.1.1　空间网格结构的安装方法

1. 传统安装方法

空间网格结构传统的安装方法可分为四大类：散装法、滑移法、分块安装法和整体安装法，如图 5.1 所示。每种方法的介绍及优缺点比较见表 5.1。

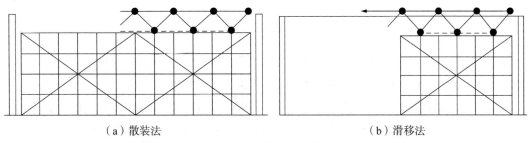

（a）散装法　　　　　　　　　　（b）滑移法

图 5.1　空间网格结构传统的安装方法（一）

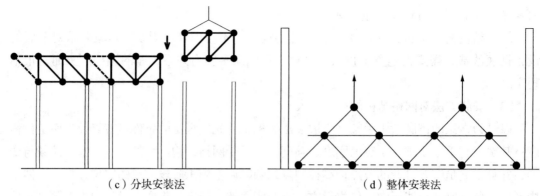

（c）分块安装法　　　　　　　　　　（d）整体安装法

图 5.1　空间网格结构传统的安装方法（二）

空间网格结构安装方法介绍及优缺点比较　　　　　　　　表 5.1

安装方法	介绍	优点	缺点
散装法	以满堂脚手架为代表，将面层按网壳弦杆曲面形状搭成台阶状，支架支撑点设于下弦节点，可调节，是应用最多的方法	不需要大型起重设备，便于节点坐标控制，适用于螺栓节点连接，广泛应用于大跨度、高矢跨比网壳以及单层网壳	需搭设大规模拼装支架，大型工程需对支架进行专门设计甚至试压；人力、时间、材料投入高，高空作业量大，支承点拆除顺序需慎重
滑移法	分条的网壳单元在滑轨上单条（或多条）滑移到设计位置拼接成整体，网壳单元尽量在地面拼成	对起重设备、牵引设备使用很少甚至不用，架空作业时不影响下部土建施工	适用于正放类网壳。支承条件必须是周边支承或点支承与周边支承相结合；网壳刚度较好，滑移时滑移单元必须保证是几何不变体系
分块安装法	地面拼装小块网壳，小型起重设备起吊就位，空中互相连接成一体	基本不用支架，对大型起重设备利用较少，高空作业量少，地面拼装便于质量控制，适用于分割后刚度和受力变化较小的网壳安装	分块大小由起重能力决定，仍存在高空作业，适用范围有限
整体安装法	在地面总拼，采用单根或多根拔杆，一台或多台起重机吊装就位；或者在结构柱上安装提升设备进行提升；或利用千斤顶将网壳顶至设计标高	网壳可以在地面拼装，高空作业很少，提高劳动效率；装修及电气设备可以在地面安装完成，便于监理检查，施工速度快	适用于平板网架或曲率较小的网壳，对施工（吊装、提升、顶升）机械以及施工组织要求高

　　四种安装方法中，散装法应用最多。图 5.2 所示为我国某网架工程施工现场林立的满堂脚手架，图 5.3 所示为正在安装中的英国某穹顶。

　　由表 5.1 可以看出，网壳施工的发展趋势是工作量尽可能在地面或近地面处完成，尽量减少对脚手架、大型起重设备的依赖。这样做带来诸多益处，如提高安全生产水平，施工质量易保证，减轻劳动强度，工期短，降低造价等。可以预测，随着经济水平不断提高，科技含量更高的整体安装法将有更大的发展。

图 5.2　某网架施工现场的脚手架工程 　　　　　图 5.3　安装中的英国某穹顶

2. 新的安装方法

上述整体安装法的缺点在于，不适合曲率变化
大的网壳，如穹顶。可否将其改造应用于穹顶呢?
日本法政大学川口卫教授潜心研究十多年，对整体
安装法进行改进，发明了一种新型穹顶体系——
PANTA（有时译为攀达）穹顶。其基本思路是把待
建结构变成机构，再将机构变成具有明显承载力的结
构，如图 5.4 所示。PANTA 穹顶的建造可称为绘图仪
（Pantagraph）上平行曲柄的"三维版"，这也是其
名字的由来。具体做法是：撤去穹顶结构部分环向构

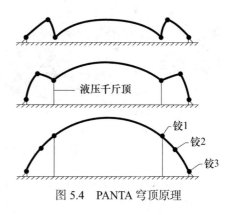

图 5.4　PANTA 穹顶原理

件，使其成为仅有一维自由度的结构，从而可以将结构整体折叠，在接近地面的高度进行拼
装，然后把折叠的穹顶顶升到预定高度，装上先前临时去掉的杆件，使之恢复为一个结构，
穹顶即告完成。PANTA 穹顶的结构、电气、通风管道等设施均可在接近地面的高度安装，
避免高空作业，提高了施工安全性，便于监理检查，同时可保证安装精度，降低工程造价。

PANTA 穹顶是一个包含多个网壳结构单元的机构，施工过程中，网壳结构单元之间
要求有良好的转动能力，且转到一定角度必须能锁住。所以，这些关键位置的节点必须是
与传统节点截然不同的限位式可转动单向铰节点。铰节点转动时，穹顶处于复杂的平动和
转动状态，既有弹性变形，又有机构位移，以及提升瞬间的瞬态动力响应。因此，计算上
要求突破传统结构工程动力学理论，建立大型结构多体系动力学分析方法，即机构分析和
结构分析的综合。

PANTA 穹顶体系已申请专利，并应用于许多工程中，其中代表作品为日本神户体育
馆，如图 5.5 所示。无论从设计角度还是施工角度看，PANTA 穹顶都带有强烈的革新性，
并具有以下特点。

（1）大部分安装工作在近地处完成，技术上实现安全施工，保障工程质量。

（2）节省脚手架费用，加快施工速度，经济效益高。

（3）施工占地面积小。

PANTA 穹顶蕴含着一种先进的结构设计思路：施工前结构可以分为若干个机构，即结构是几何可变的施工过程中，几何形状发生变化，通过结构补杆，使机构转化为几何不变体，可以承受较大荷载。

（a）顶升初期 （b）顶升进行 1

（c）顶升进行 2 （d）竣工

图 5.5　PANTA 穹顶代表作——日本神户体育馆

同样受"将结构变成机构，再将机构变成具有明显承载力的结构"的思路启发，浙江大学空间结构研发中心提出了"折叠展开式"计算机同步控制提升的施工技术，应用于另一种很常见的柱面网壳结构的施工中。

"折叠展开式"计算机同步控制提升施工分三步：地面拼装、提升就位和构件补缺。其关键是铰节点构造需保证灵活转动。这种施工技术要求在网壳中某些位置布置一定的铰节点，并拆去少量的构件，使结构分成若干个铰接连接的大型构件，即机构。只要克服机构的重力，铰节点就可以使构件之间大角度地灵活转动，但对构件内部的受力状态并不会产生大的影响。提升过程是一个机构运动的过程，这是此方法与前文一般网架、网壳整体安装法的本质区别，也是对整体提升概念的升华。

这种新颖的柱面网壳结构施工方法在河南省鸭河口电厂干煤棚柱面网壳工程中得到首次应用，如图 5.6 所示。干煤棚设计跨度为 108m，长度为 90m，矢高 38.766m，采用正放四角锥三心圆柱面双层网壳的结构形式，与同心圆柱面双层网壳相比，有效降低了矢高和屋盖面积，是目前国内跨度最大的三心圆柱面煤棚结构。结构跨度大、矢高大、施工难度较高。数家单位联合自主研制了带限位装置的可转动铰节点，浙江大学空间结构研发中心进行了大型结构多体系动力学瞬态响应分析。网壳的整体提升采用钢绞线悬挂承重、计算机同步控制、液压千斤顶集群整体提升的施工工艺，利用提升塔柱作为提升施工阶段的承重结构。地面准备工作就绪后，第一部分用一天时间就将网壳提升到位，第二部分不到一天就提升到位，并补缺了大部分构件，使结构变成静定结构，节约费用 57 万元，网壳用钢量仅 44kg/m²。该工程由浙江东南网架集团公司、上海机械施工公司负责施工安装，落成于 1999 年。

（a）提升中的网壳　　　　　　　　　　（b）提升就位后的网壳

图 5.6　鸭河口电厂干煤棚工程"折叠展开式"计算机同步控制提升施工技术

　　"机构变结构"的设计思路在另一类空间结构——折叠结构（Deployable Structures）中体现得也很充分。

　　折叠结构是一种用时展开、不用时可折叠收起的结构。日常生活中使用的雨伞就是一种折叠结构，但折叠结构应用于建筑领域较晚。1961 年，西班牙建筑师皮尼罗（P.Pinero）展示了一个可折叠移动的小剧院，人们才发现了折叠结构成为建筑物的优点。折叠结构一般可重复使用，且折叠后体积小，便于运输、储放，与永久性建筑物相比，不仅在施工上省时省力，而且可避免不必要的资金再投入所造成的浪费。图 5.7 所示为一个直径 6m 的折叠式穹顶。目前折叠结构已得到了广泛的工程应用。在生活领域，可用于施工棚、临时仓库等临时性结构；在军事上可用于战地指挥、战场救护、装配抢修及野外帐篷等；在航空航天领域，折叠结构已用作太阳帆、可展式天线等。

（a）展开后　　　　　　　　　　（b）展开前

图 5.7　折叠式穹顶

　　按照不同标准，折叠结构有不同的分类。按组成单元的类型可分为杆系单元和板系单元，而杆系单元可再细分为剪式单元及伸缩式单元；根据结构展开成形后的稳定平衡方式可分为结构几何自锁式、结构构件自锁式和结构外加锁式；根据结构组成是否采用索单元可分为刚性结构和柔性结构；根据结构展开过程的驱动方式可分为液压（气压）传动方式、电动方式、节点预压弹簧驱动方式等。

结构几何自锁式又称为自稳定折叠结构，是工程界普遍重视的一种结构。其自锁原理主要是由结构的几何条件及材料的力学特性决定。在这种结构中，一些剪式单元（简称剪铰）以一定方式相连而组成锁铰。锁铰中每根杆件只有在折叠状态与完全展开时，才与结构的几何状态相适应，杆件应力为零，而在展开过程中杆件弯曲变形，储存应变能，最后反方向释放这些能量。自稳定折叠结构展开方便、迅速，但其杆件抗弯刚度比较小，因而承受外荷载能力低，只适合小跨度情况。结构构件自锁式的自锁机理主要是靠铰接处的销钉在结构展开时自动滑入杆件端部预留的槽孔处而锁定结构。结构外加锁式也称为附加稳定结构，在结构展开过程中，杆件无内力，整个结构是一个机构体系，在展开到预定跨度时，在结构的端部附加杆件或其他约束，从而形成结构。这种结构的杆件刚度比较大，可满足较大跨度的要求。

折叠结构根据其在展开过程中所表现的运动特性可分为两大类：一类是各部分运动为刚体运动，称为多刚体体系，它的运动描述及内力分析比较容易解决；另一类则是部件在空间中经历着大的刚性运动的同时，还存在自身的变形运动，表现出刚性运动与变形运动互相影响、强烈耦合的特征。自稳定杆系结构就属于后一种类型，其中锁铰的设计是整个自稳定折叠结构设计的基础，直接影响结构的合理性及使用方便性。理想的自锁条件是在叠展的过程中，组成锁铰的杆件产生内力，内力变化呈缓升陡降的趋势，变化率表现出大范围变化的慢变量与小幅度变化的快变量的特征。这是这种结构计算上的难点。

折叠结构对节点有特殊的要求：节点必须能够保证杆件在展开过程中运动自如，杆件与节点连接处没有较大摩擦或易于弯曲的变形；在结构收起状态时能够保证杆件成紧密捆状，以便储存；有足够的强度来承受杆件的拉压及局部的弯、剪、摩擦等各种作用。目前应用比较普遍的是毂节点，节点材料可用金属或高分子材料。

折叠结构的施工很便捷，在地面展开即可，无需脚手架、起重设备等施工机械。因此，既是一种新型结构体系，又代表建造方法的革新。

5.1.2 预应力在钢结构成形中的应用

1. 预应力技术在钢结构领域的应用

预应力技术在土木工程，特别是在钢筋混凝土结构中应用广泛，目的是改善结构的受力状态，控制混凝土开裂和减小构件挠度。但最早应用的领域却是钢结构：1836年，在法国Chartres教堂的重建中，预应力技术被用于拱形铸铁屋顶。钢结构领域采用预应力技术后产生了以下三大类新结构。

（1）第一类结构以预应力网格结构为代表，预应力的引入不影响结构外观，可以改变不良内力分布、控制位移进而提高结构承载力，节省钢材，降低工程造价。有下列特点：

① 采用高强度预应力拉索作为网格结构的主要受力杆件，以降低材料消耗量。

② 可采用多次分批施加预应力及加荷的原则（多阶段设计原则），使杆件反复受力，并在使用荷载下达到最佳内力状态。

③ 预应力网格结构通过预应力技术可提高整个网格结构的刚度，减小结构挠度。

④ 可解决网壳结构水平推力问题，通过适当配置支座滑动构造措施，利用预应力技术可形成无水平反力的自平衡结构体系。

（2）按出现的时间先后，第二类结构包括张拉整体结构、索穹顶结构和弦支穹顶结构。20 世纪上半叶，美国著名空间结构学者富勒（R. B. Fuller）提出张拉整体结构（Tensegrity）的概念，结构由大量索和独立的二力杆组成，索只能受拉力，杆则可受压力，形成自平衡体系。富勒以一句形象的比喻概括这些二力杆：拉力海洋中的压力小岛（As islands of compression in a sea of tension）。与传统钢结构截然不同，张拉整体结构的几何形状和刚度与体系内部的预应力大小直接相关。张拉整体结构在外观上能够给人带来强烈的视觉冲击，图 5.8 所示为两个张拉整体结构建筑小品。张拉整体结构步入建筑市场归功于美国工程师盖格尔，他利用了索和膜材料只能受拉而钢杆件可以受压的材料特点，把富勒的张拉整体结构思想引入穹顶结构，开发出索穹顶结构，如图 5.9 所示。索穹顶结构已应用于多个工程中，包括 1988 年韩国汉城奥运会体操馆（直径 120m）和击剑馆（直径 90m），以及 1996 年美国亚特兰大奥运会会场 Geogia 穹顶（240m×193m 椭圆形）。Geogia 穹顶于 1992 年 3 月 1 日竣工，总面积约 3.67 万 m²，如图 5.10 所示。我国学者对索穹顶结构也进行了大量研究，已有工程应用。

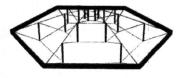

图 5.8　张拉整体结构建筑小品　　　　　　　图 5.9　索穹顶概念图

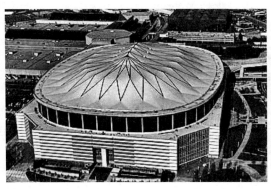

（a）鸟瞰图　　　　　　　　　　　　（b）穹顶内部

图 5.10　美国亚特兰大市 Geogia 穹顶

　　1993 年，日本法政大学川口卫教授把张拉整体的概念应用于单层网壳结构，组合成弦支穹顶结构（Suspen Dome）。结构上弦层为有一定刚性的杆件，中间为独立的撑杆，下弦为张拉整体的连续受拉单元。其原理可以理解为张拉整体加固的单层网壳结构，也可以认为是用刚性层取代张拉整体结构的柔性上弦。弦支穹顶相比单层穹顶有诸多优势：稳定性高；水平推力小，对边界的约束要求低；刚度大，可提高结构跨度；层面材料用刚性或柔性均可；施工比索穹顶结构简单。

　　张弦梁结构可视为弦支穹顶在平面桁架中的"同行"，由下弦索、上弦梁和竖腹杆组成，如图 5.11 所示，索受拉，撑杆受压，上弦梁为压弯杆件。这种形式的大跨度钢结构近几年在我国发展迅速，图 5.12 所示为目前国内最大的张弦梁结构——哈尔滨国际会展中心，跨度为 128 m。

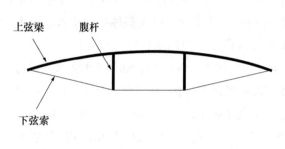

图 5.11　一榀简单的张弦梁桁架

图 5.12　哈尔滨国际会展中心

张弦梁结构具有如下特点：

　　① 索的张拉力使竖腹杆产生向上的分力，导致上弦梁产生与外荷载作用下相反的内力和变位，以形成整个张弦梁结构，并提高了结构竖向刚度。通常情形下，下弦索为一向下的圆弧线。屋面应设置支撑体系以保证平面外稳定性。

　　② 采用多阶段设计（预应力张拉＋外荷载作用），分析计算时应考虑几何非线性影响。

　　③ 在支座处宜采取必要的、暂时的或永久的构造措施，在预应力及外荷载作用下（指自重等屋面荷载作用下）形成自平衡体系，不产生水平推力。

　　④ 上弦梁可改用立体桁架，此时张弦梁便成为带拉索的杆系张弦立体桁架，可使结构计算及构造得到简化。

　　⑤ 可从平面张弦梁结构发展到空间张弦梁结构，如两向正交正放张弦梁系结构等。

　　张拉整体结构、索穹顶结构、弦支穹顶和张弦梁结构的出现给人们一个启迪：空间结构走与预应力技术紧密结合之路，可以孕育出崭新的结构体系。

　　（3）第三类结构为预应力成形结构。作为一种建造方法，引入预应力到钢结构中。后张拉预应力成形网壳即属于此类结构。

2. 预应力成形桁架结构

　　最早的预应力成形结构是一种被称作"自建造钢拱架"（self-erecting steel arch）的新型桁架结构，发明者是以色列工程师 O. S. Saar。其原理如图 5.13 所示，即一榀桁架结构，节点设计成单向纯铰，不设上弦杆，代之以松弛柔索，在地面拼装，一端设固定铰支座，另一端为滑动铰支座。施一水平推力 P 于滑动铰支座，使滑动铰支座向固定铰支座靠近，上弦柔索则从松弛变为张紧，桁架逐渐起拱，达到预定跨度后，将滑动铰支座固定，曲面拱即告形成（图 5.14）。这种新型桁架结构的建造思路是把预应力索布置于上弦层，下弦杆和腹杆保持长度不变，通过改变上弦节点的间距，可获得拱形结构。张拉前的桁架是机构，张拉后是结构。该新型桁架结构的屋盖系统可以在近地处安装，完全摈弃安装支架，施工速度快，经济效益高。缺点是：由于没有上弦杆，刚度较低，只能承受较小的荷载，因此应用面较窄，仅适合临时建筑或轻型屋盖的拱形或柱面结构。图 5.15 所示为该结构一个工程实例——以色列一个 35m×35m 的温室，建于 20 世纪 80 年代。

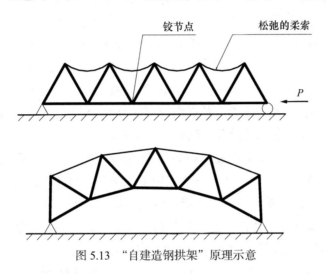

图 5.13 "自建造钢拱架"原理示意

图 5.14 曲面拱

图 5.15 工程实例——以色列某温室

与 O. S. Saar 的自建造钢拱架相反，另一种预应力成形拱形桁架结构则是把预应力索布置于下弦层，穿越下弦杆和下弦节点，上弦杆和腹杆保持长度不变，下弦杆有意做短，通过张拉预应力索，下弦节点间距变小，直至闭合，此时下弦杆与节点紧密连接，成为结构杆，桁架逐渐成为拱形桁架，如图 5.16 所示。其建造思路与 PANTA 穹顶有异曲同工之处，即成形前，部分杆件与结构解除连接，结构是几何可变体，类似于机构；成形完成时刻，先前解除的杆件与结构恢复连接，在几何构造上机构转变为结构。与自建造钢拱架相比，由于具有上弦杆，所以可承受更大的荷载。施工时，这种新型预应力成形拱形桁架结构体系在很大程度上可以减少，甚至无须使用脚手架和起重机，兼具经济性和环保性，因此，该新型结构体系很值得人们研究。

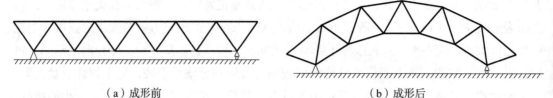

（a）成形前　　　　　　　　　　　（b）成形后

图 5.16　后张拉预应力成形拱形桁架结构

根据上述思路，澳大利亚研发了一种名为 STRARCH（Stressed Arch 的缩写）的结构，可译为预应力拱结构。这是一种钢桁架结构，预应力索穿越下弦杆，两端外伸开口于格构柱的腹杆外端，即液压千斤顶位置。预留间隙位于下弦杆中点，附带锁扣装置。施工时，首先在地面拼装结构构件和屋盖系统，如檩条、屋面板等，以及其他配套设备（如电气设备）。一个柱脚固定铰支于地面，另一个柱脚可沿地面滑动；千斤顶加压，张拉预应力索，间隙逐渐闭合，桁架由"趴地平直"状态而起，成为拱形结构，达到预定跨度后，把滑动柱脚固定，向布索的下弦杆水泥灌浆，结构施工完成。

澳大利亚悉尼大学的 M. J. Clarke 和 G. J. Hancock 等做了两榀后张拉预应力成形桁架的成形和竖向承载力的试验，并自编程序做了几何和材料非线性有限元计算。研究表明，起拱过程中，上弦杆发生了弯曲变形和轴向变形。当矢跨比较小时，上弦杆应力值低于材料屈服点，即仍处于弹性状态；当矢跨比较大时，上弦杆可能处于塑性状态。但 STRARCH 结构仍具有较高的承载能力。该新型结构已申请为专利结构，并注册公司（总部新加坡），应用到亚太地区多个工程中，如图 5.17 和图 5.18 所示。其中，新加坡航空工程局机库落成于 1992 年，可停放波音 747-400 这样的宽体客机；马来西亚某大学综合体跨度为 70m，屋脊高 33m，柱距 8m，纵向长度为 180.6m，共 23 榀桁架，竣工于 1995 年。

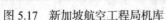

图 5.17　新加坡航空工程局机库　　　　　　图 5.18　马来西亚某大学综合体

3. 预应力成形网壳结构

后张拉预应力成形的设计思路在平面桁架领域得到了成功应用，促使人们思考，是否能将其应用于网格结构中，将平板网架张拉为曲面网壳呢？澳大利亚 Wollongong 大学的 L. C. Schmidt、G. Dehdashti、H. W. Li、S. Selby、M. Chua、J. W. Kim 和郝际平等进行了可贵的探索。受后张拉预应力成形拱形桁架结构的启发，L. C. Schmidt 教授的研究团队选择不同的网架结构形式，分别进行了柱面网壳、穹顶和鞍形网壳的预应力成形试验和极限承载力试验研究，如图 5.19 所示。研究表明，布索于不同下弦位置，以较小的预拉力可以使适当的平板网架在平坦地面上张拉成为不同的曲面网壳。成形后的结构具有显著的承载能力。已进行的试验中，穹顶试验占大多数，鞍形网壳试验两次。由图 5.19 可知，成形前的网架结构形式是局部双层网架。

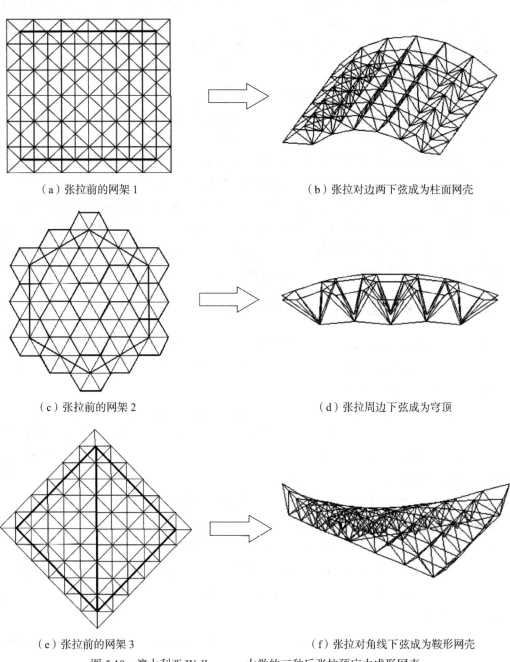

（a）张拉前的网架 1　　　　　　　　　　（b）张拉对边两下弦成为柱面网壳

（c）张拉前的网架 2　　　　　　　　　　（d）张拉周边下弦成为穹顶

（e）张拉前的网架 3　　　　　　　　　　（f）张拉对角线下弦成为鞍形网壳

图 5.19　澳大利亚 Wollongong 大学的三种后张拉预应力成形网壳

双层网架由于自身较大的抗弯刚度，不适合用作张拉网架结构形式。F. Montero 的研究表明，单层网架可以很容易张拉成柱面、球面或鞍形网壳，但面外抗弯刚度过低。L. C. Schmidt 等指出，去除下弦杆但保留腹杆的单弦杆网架面外抗弯刚度不大，当下弦节点受外力时，很容易由平板弯成柱面，而杆件中不会产生较大内力。假设下弦穿预应力索，下弦杆有意做短，那么随着张拉进行，下弦杆与节点间隙逐渐缩短至闭合，最终下弦杆成为网架中的结构杆。即使连接为铰接，张拉前网架为几何可变体系，然而张拉过程相当于给这个几何可变体系补上结构杆，成形后将仍是几何不变体系，因此结构具有刚度和一定承载能力。

针对上述分析，T. H. Tan 和 L. C. Schmidt 做了未加预应力的单弦杆柱面网壳极限承载力试验加以验证。试验表明，该结构具有较高的极限承载力，腹杆有效防止了整体失稳；杆件的轴向刚度起主要作用，而非抗弯刚度；整体刚度介于单层网壳和双层网壳之间。可以推断，当施加预应力之后，该结构整体刚度将有更好表现。

单弦杆网壳属局部双层网壳。局部双层网壳不像单层网壳那样容易整体失稳；同时，相比双层网壳，减少了部分下弦杆甚至腹杆，因此经济效益显著，而且给人更为通透的建筑美感。近几年来，局部双层网壳成为国内空间网格结构领域的一个热门话题。

作为负高斯曲率网壳的代表，鞍形网壳造型变化丰富，形态优美，但工程应用中鲜见单层及局部双层，原因有两点：① 对单层鞍形网壳研究较少，局部双层鞍形网壳还无人涉足，故设计一般保守地采用双层；② 鞍形网壳的构件制作和施工安装较其他网壳麻烦。

因此，对后张拉预应力成形鞍形网壳的探索性研究具有理论和实践双重意义。目前，研究的重点是预应力成形和极限承载力两个方面。

5.1.3 后张拉预应力成形鞍形网壳的研究现状

澳大利亚 Wollongong 大学的后张拉预应力成形鞍形网壳的预应力成形试验首先由 G. Dahdashti 完成。随后，H. W. Li 对此试验模型加以修改，进行了成形和极限承载力试验。

1. G. Dahdashti 的试验研究

G. Dahdashti 的网壳试验模型如图 5.20 所示。这是一个网格数为 6×6 的正放四角锥网架，部分下弦杆抽掉，仅保留周边 4 道下弦杆和对角线 1 道下弦杆。上弦杆是连续的方钢管 □13×13×1.8，腹杆是无缝圆管 $\phi13.5×2.3$，下弦杆是无缝圆管 $\phi17×3.2$。上弦杆正交相搭，单螺栓连接，如图 5.21 所示。腹杆一端压扁、弯起，与上弦杆方钢管侧面螺栓连接，目的是实现铰接；腹杆另一端与下弦节点焊接。所有管材均为 350 级（$\sigma_y=350MPa$）钢。典型节点如图 5.22 所示。

周边下弦分别布置 4 道预应力索，穿越节点和下弦杆。周边下弦杆与节点无连接，呈"零间隙"接触；对角线下弦布置一道预应力索，穿越节点和下弦杆，5 根下弦杆按照预定形状截短，截短量相同，因此杆端与节点预留相等的间隙值。整个网架的构件标准化，节点构造简单统一，便于工厂化生产，易于施工。

首先，对 4 道周边下弦进行张拉，预拉力为 2kN，目的是在下弦杆和节点之间形成有效的铰接连接。由于间隙为零，所以网架形状无改变。

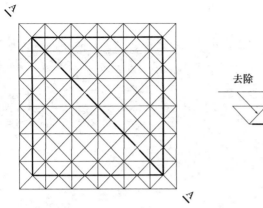
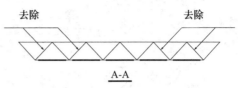

图 5.20　Wollongong 大学后张拉成形鞍形网壳试验模型（H. W. Li 模型去除了 Dahdashti 模型 4 根腹杆）

图 5.21　上弦节点　　　　　　　　　图 5.22　张拉端节点

然后，张拉对角线下弦的预应力索。间隙逐渐缩小，当预拉力达到 21.7kN 时，5 个间隙中的 4 个闭合，网架成为类似马鞍形状的网壳，但并非数学意义上的双曲抛物面。继续增大预应力发现，无论拉力多么大，角部下弦杆对应的间隙始终不能闭合。因此，成形后的网壳仍有一个下弦杆"游离"于结构中。

在竖向极限承载力试验中，对下弦节点进行加载，最后测得极限承载力为 26.7kN。

G. Dahdashti 使用有限元程序 ANSYS 进行了成形模拟。上弦杆按梁单元考虑，忽略上弦搭接引起的偏心，认为均处于一个平面。对搭接的上弦杆取节间长度，上弦杆之间的连接按照刚接处理。腹杆与上弦节点的连接视为铰接。腹杆与上弦杆之间的偏心忽略不计；引入负温差于下弦杆模拟预拉力。有限元分析与试验结果出入较大，因此，极限承载力模拟与成形阶段分开建模，成形阶段按照梁单元建模的上弦杆被处理为空间桁架杆，把成形阶段的内力施加于杆件，再进行非线性分析。

2. H. W. Li 的试验研究

H. W. Li 分析了 G. Dahdashti 的成形试验之后，对部分杆件截面加以调整：周边下弦杆调整为与上弦杆相同，均为无缝方钢管□13×13×1.8，对角线下弦杆截面加大，调为无缝方钢管□25×25×1.8。根据 Maxwell 准则，去除 4 根位于张拉对角线上的对称分布的腹杆，以使在较小的预拉力下，预留间隙能够全部闭合。成形前的试验网架如图 5.23 所示。

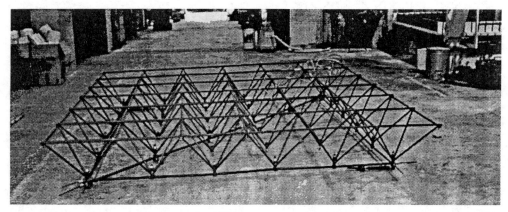

图 5.23　成形前的 H. W. Li 试验网架

下弦杆所留间隙不再相等，而是根据有限元计算结果，选择 3 个不等的间隙，其余均保持不变。张拉步骤相同：首先，施加预应力于周边下弦杆，不同的是预拉力增大为 4kN；然后，进行对角下弦张拉，当预拉力达到 14.5kN 时，最后一个间隙闭合。最终的鞍形网壳如图 5.24 所示。成形可分为两个阶段。

第一阶段：预拉力很小，小于 5kN，5 个间隙中仅 2 个未闭合，鞍形网壳的形状也是在这个阶段基本形成，杆件中轴力显著增大。说明节点对杆件约束较弱，节点允许杆件在杆端发生相对自由转动，模型的结构行为更接近机构。

第二阶段：预拉力急剧增大，但网壳的形状变化很小，当预拉力达到 14.5kN 时，最后一个间隙闭合。说明节点对杆件的约束增强许多，杆件在杆端几乎不再发生相对转动，也意味着节点的刚性在增大，模型的结构行为更像一个几何不变体。

随后的竖向极限承载力试验中，使用分配梁加载系统对下弦节点加载，进行了破坏性试验。当荷载达到 13.2kN 时，位于角部的两个对角线下弦杆首先出现屈曲破坏；当荷载达到 14.7kN 时，又有两个对角线下弦杆屈曲，对角线附近区域的节点挠度非常大，结构刚度急剧减小，试验中止。破坏后的鞍形网壳如图 5.25 所示。试验结果表明，鞍形网壳的竖向极限承载力为 14.7kN。

图 5.24　张拉成形后的鞍形网壳　　　　图 5.25　承载力试验破坏后的鞍形网壳

1995 年，H. W. Li 使用 MSC/NASTRAN 软件分别进行了成形和承载力有限元计算。在成形阶段，对于两向正交的上弦杆，按照连续的梁单元建模，但考虑了上弦杆搭接引起的偏心，使用 MSC/NASTRAN 里的点单元（RBE）模拟上弦搭接所形成的节点，考虑高强螺栓的存在，认为点单元的轴向刚度和抗弯刚度是刚性的，抗扭刚度是相交处上弦梁单元抗弯刚度之和，点单元竖向长度是正交两向的上弦杆中心线间距，即方钢管边长。根据试验实测结果，腹杆应力中的弯曲应力所占比重很小，下弦杆应力以轴应力为主，所以，有限元模型中不考虑腹杆和上弦节点之间的偏心，腹杆和下弦杆被视为铰接杆。采用给对角线下弦杆施加同一个负温差的方法模拟下弦杆间隙的闭合，各杆的线膨胀系数与对应的间隙值呈正比关系 $\Delta l_i = \alpha_i l \Delta T$（$i = 1，2，3\cdots$）。H. W. Li 承认，在成形模拟中分析得到的形状与实测结果有较大出入，不能直接应用于接下来的承载力分析，因此承载力分析的建模必须重新开始。H. W. Li 认为，由于预应力的引入，导致杆件和节点之间紧密连接，网壳已经从初始几何可变体系转变为几何不变体系，竖向承载力试验时，荷载施加于节点，因此结构中的内力沿杆件轴线传递，以轴力为主。基于此认识，承载力分析有如下考虑：计入成形阶段引起的杆件内力（在 NASTRAN 里以初应力的名义添加），按照成形试验最终的测量结果重新建模，所有杆件视为两端铰接的杆单元。将极限承载力分析得到的荷载－竖向位移曲线与实测结果进行比较，基本吻合，如图 5.26 所示。H. W. Li 指出，增大下弦杆截面和提高周边下弦杆的预应力可以提高结构的整体刚度和承载能力。

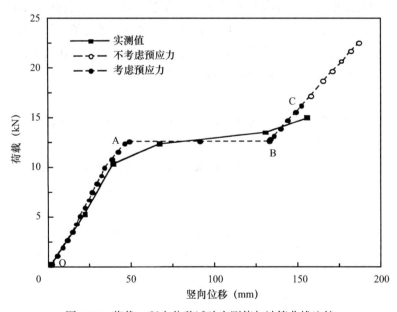

图 5.26　荷载－竖向位移试验实测值与计算曲线比较

3. 既往研究不足之处

（1）成形试验

① 试验模型张拉端节点构造

张拉端节点构造存在偏心，将引起附加弯矩。有必要改进，实现张拉无偏心。

② 成形预拉力

减小预拉力有助于提高结构承载能力。虽然 H. W. Li 通过改进试验模型，使得成形预拉力大大降低，从 G. Dahdasht 试验的 21.7kN 降到 14.5kN，但是预拉力仍有降低的余地。从成形试验看，间隙的闭合分两个阶段，第一阶段预拉力很小，小于 5kN，鞍形主要在这个阶段形成；第二阶段预拉力急剧增大，形状却无变化，说明新增加的预拉力贡献给了部分杆件的内力，必然降低构件强度储备。若能调整间隙值，实现一次性闭合，则此时的预拉力必定最低。

此外，由于预应力工程张拉施工报价一般与预拉力成正比，所以降低预拉力也有降低工程造价的意义。

（2）极限承载力试验

由于试验模型网格数的特殊性，G. Dahdasht 和 H. W. Li 在极限承载力试验中均将荷载加在下弦节点，这是因为传统加载装置的局限性导致并不适合该模型。但众所周知，网壳一般由上弦节点承受外荷载，因此两次承载力试验反映的并非真实竖向承载力，只能说是结构刚度。

5.1.4 试验目的及创新点

1. 试验目的

后张拉预应力成形技术在桁架结构中已得到工程应用，澳大利亚 Wollongong 大学的 L. C. Schmidt、G. Dahdashti 等将该技术应用在网壳结构中，进行了可贵的探索。西安建筑科技大学郝际平教授受邀参加了部分试验，回国后继续进行研究，在西安建筑科技大学结构工程试验室完成了后张拉成形鞍形网壳的成形试验和竖向极限承载力试验，主要做了以下研究工作。

（1）进行后张拉成形鞍形网壳的成形试验，并进行涉及材料、几何非线性及接触的有限元模拟，包括模型介绍、张拉过程、试验结果和计算分析。

（2）进行后张拉成形鞍形网壳的竖向极限承载力试验，提出一种新型加载系统；对上弦节点进行加载，从而得出该结构真实的承载能力；对应力测试结果进行了分析。

2. 创新点

（1）提出了一种新型张拉节点，保障张拉索位于同一水平面。

（2）把镦头锚张拉法引入此类结构预应力施工，保证成形的同时，工作量减小约一半。

（3）提出用压力传感器测预应力索拉力的方法，与直接读取液压千斤顶油泵表头的方法比较，测量精度高；与索表面粘贴应变片方法相比，不破坏下弦杆截面，简单实用。

（4）利用 ABAQUS 软件中的 connector 连接件模拟单螺栓连接，考虑了上弦节点的偏心，并且计入上弦杆在节点位置的相对转动。

（5）将基于梁单元的接触算法应用在后张拉成形网壳的成形分析中，大大提高了成形分析的精确度。

（6）针对本书试验网壳结构节点和网格数的特殊性，提出了由滑轮和绳索组成的一种低成本新型加载系统，从理论层面揭示了此类加载系统存在的拉力损失机理，并提供了行之有效的解决方案。

（7）使用新型加载装置实现了对后张拉成形鞍形网壳上弦节点的加载，在试验层面得到了此类结构的竖向极限承载力。

5.2 鞍形网壳预应力成形试验

5.2.1 后张拉预应力成形试验

1. Maxwell 准则

G. Dahdashti 和 L. C. Schmidt 运用 Maxwell 准则对试验网架对角线下弦杆预留间隙无法全部闭合进行了如下解释。

引入 Maxwell 准则：

$$R - S + M = 0$$

式中　R——超静定次数，$R = b - (3j - c)$；

　　　　b——杆件总数；

　　　　j——节点总数；

　　　　c——消除刚体位移所需要的约束数量；

　　　　S——独立的自应力状态数；

　　　　M——机构数。

具体到试验网架模型，$S = 0$，$b = 248$，$j = 85$，因为是空间结构，为消除空间刚体位移，所以 c 取为 6，代入 Maxwell 准则，则 $R = -1$。说明成形前的网架仅需闭合 1 个间隙就成为静定结构，继续增加的预拉力将导致杆件中应力急剧增大，占用强度储备，对成形亦无帮助。

欲实现 5 个间隙闭合之后网架成为静定结构，可考虑去掉 4 根腹杆。理由如下：

去掉 4 根腹杆后，杆件总数 $b = 244$，节点总数 $j = 85$，约束数 $c = 6$，则由 Maxwell 准则，$R = b - (3j - c) = -5$。说明需要闭合 5 个间隙，网架才能成为几何不变体系。换言之，以较小的预拉力就可使平板状网架张拉成鞍形网壳。

2. 重力对张拉成形的影响

N. M. Punniyakotty、J. Y. Richard Liew 和 N. E. Shanmugam 研究了三杆平面桁架，下弦杆内穿预应力索，左支座为固定铰支，右支座为滑动铰支，下弦杆缩短量为 0.518m，成形后期望高度为 2m。杆件截面为 250mm×250mm×6mm，钢材屈服强度 $f_y = 235$MPa，弹性模量 $E = 2×10^5$MPa。索材屈服强度 $f_y = 900$MPa，弹性模量 $E = 1.075×10^5$MPa，直径 12mm。分两种情形：① 计入杆件重力；② 不考虑杆件重力。由有限元计算可知，情形①成形高度为 1.973m，情形②成形高度为 1.983m，影响小于 0.5%，重力影响可忽略不计。由此可知，将网架倒置张拉对成形无影响。

3. 模型设计

试验网架模型是一个 6×6 正方四角锥网架，部分下弦杆抽掉，仅保留周边 4 道下弦杆和对角线 1 道下弦杆。其中，对角线 5 根下弦杆按照预定形状截短，使杆端与节点留有间隙。上、下弦杆是高频焊方钢管，腹杆是无缝圆管，周边下弦杆是高频焊方钢管，通过内穿预应力索与节点呈"零间隙"接触。对角线下弦杆是高频焊方钢管，内穿预应力索。上弦杆正交相搭，螺栓连接。腹杆一端压扁、弯起，与上弦杆方钢管侧面螺栓连接；另一端与下弦节点焊接。所有管材均为 Q235B 钢。

本文试验网架杆件长细比设计的主要依据是《空间网格结构技术规程》JGJ 7—2010。

受压杆件：长细比 $\lambda < 180$。

受拉杆件：一般杆件长细比 $\lambda < 400$；支座附近处杆件长细比 $\lambda < 300$。

结合本地钢材市场供应状况，选择上弦杆、腹杆和下弦杆如下。

（1）上弦杆：□15×15×1.3，$i = 5.618$，长细比 $\lambda = 650 / 5.618 = 115$。

（2）腹杆：$\phi14×2$，$i = \frac{1}{4}\sqrt{D^2 + d^2} = 4.3011$，长细比 $\lambda = 650 / 4.3011 = 151$。

（3）下弦杆：周边 □20×20×3，$i = 7.0475$，长细比 $\lambda = 650 / 7.0475 = 92.23$；

对角线 □25×25×3，$i = 9.0646$，长细比 $\lambda = 919 / 9.0646 = 101$。

上弦杆和腹杆长细比取得较大，可降低成形需要的预应力。根据 H. W. Li 的建议，减小下弦杆长细比可提高承载力，因此本书试验网架的下弦杆选取了较大截面。

4. 节点连接

上弦节点采用了 G. Dahdashti、L. C. Schmidt 和 H. W. Li 试验网架上弦节点形式，即上弦杆相互搭接，相交区钻孔单个螺栓连接。腹杆上端压扁、弯起，与上弦杆方钢管侧面螺栓连接，另一端焊接，如图 5.27 所示。

腹杆一端压扁有三个积极意义：一是降低截面高度，从而极大地减小惯性矩，使截面抗弯刚度接近零；二是在节点构造上，很大程度地减小偏心；三是密封防潮。缺点是构造上使得腹杆有可能成为压弯构件，降低了构件极限承载力。但是，H. W. Li 和 L. C. Schimdt 等的试验研究表明，承载力试验的破坏杆件是张拉对角线下弦杆，鸭嘴式腹杆并未破坏，所以，本文试验仍使用这种腹杆。

上弦节点构造简单，与杆件相比，仅增加了连接必需的高强螺栓，大大降低了成本。采用类似节点构造的 Catrus 网架已获专利并应用于实际工程。

根据是否有预应力索穿越，下弦节点可被分为预应力节点和无预应力节点，其中，预应力节点又分为张拉端节点和穿越式预应力节点。如图 5.28～图 5.31 所示。

图 5.29 所示无预应力节点构造简单，方便焊接操作。图 5.28 所示穿越式预应力节点还有两个功能：一是用于下弦预应力索穿越；二是实现下弦杆端的自由转动。图 5.30 和图 5.31 所示张拉端节点是一种盒式节点，不同于 Wollongong 大学存在偏心的张拉端下弦节点，本模型的下弦节点可保障对角线张拉索与周边四道预应力索近似同高度张拉。

　　该网架上弦杆、腹杆、周边下弦杆各为一种规格，杆件种类少；节点构造简单，给装配带来很大便利。构件运进试验室后，2 名工人 2 小时之内就装配完毕。图 5.32 所示为张拉前的试验网架。

图 5.27　试验网架的上弦节点

图 5.28　周边下弦穿越式预应力节点

图 5.29　下弦无预应力节点

图 5.30　下弦主对角线的张拉端盒式节点

图 5.31　下弦副对角线的张拉端盒式节点

图 5.32　张拉前的试验网架

5. 布索

穿越四周下弦杆和节点布置 4 道预应力索，穿过对角线下弦杆和节点布置 1 道预应力索。

周边下弦布索的目的有三个：一是施加预应力于下弦杆，使杆件与节点形成可靠的连接；二是使周边下弦杆端与节点既连接又能自由转动，因为成形时下弦层会发生剪切变形（图 5.33），这样就可避免因杆端约束较大导致下弦杆产生较大弯曲应力，出现大变形；三是起到"环箍"的作用，提高结构竖向刚度。

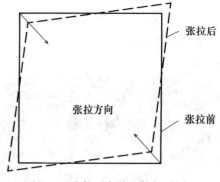

图 5.33　张拉对角线下弦杆时周边
下弦杆的面内剪切变形

6. 张拉方案

采用镦头锚张拉，因为预应力钢丝仅穿越下弦节点，预应力损失主要由光滑钢丝与节点之间摩擦引起。本试验中，千斤顶油泵表头读数与力传感器测定结果吻合，这就证实：预应力损失可以忽略不计。因此，本试验单根索可以一端张拉，与 Wollongong 大学两端张拉方案相比，工作量减小一半。镦头锚张拉还给预拉力的测试带来很大便利。

7. 成形试验测试

（1）应力测试

沿张拉对角线方向的上弦杆、下弦杆、腹杆粘贴应变片，每根杆贴 4 片，均沿轴向。对于上、下弦杆，应变片贴于杆中央；对于腹杆，考虑到大多是压弯构件，根据有限元程序对单根腹杆受压屈曲分析结果，压杆贴于距鸭嘴端 1/3 杆长处。上弦杆、腹杆、对角线下弦杆上的应变片连接到计算机控制的采集系统。

周边下弦杆每道各选 2 根管粘贴应变片，每根杆各 4 片。这些应变片连接到 BZ2206 型静态电阻应变仪，以控制预应力的大小。应变片布置如图 5.34 所示；应变片相对于管截面中心的位置如图 5.35 所示。

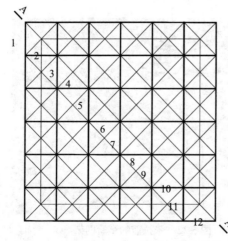

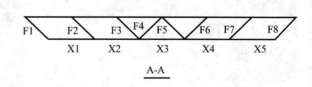

A-A

图 5.34　贴应变片的上弦杆、腹杆和对角线下弦杆

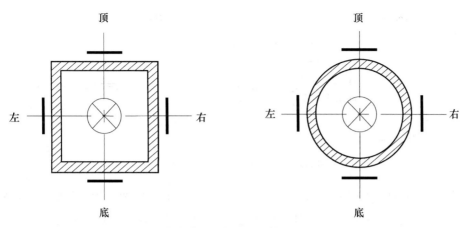

图 5.35　在方管和圆管表面沿轴向粘贴应变片

（2）预拉力测试

常规测试预拉力的方法有两种：一是读取油泵表头，换算成拉力，但是在实际操作中，当千斤顶加压时，油泵压力仪表指针剧烈颤动，难以读准，故误差较大；二是在预应力索表面粘贴应变片（图 5.36），在下弦杆管壁开孔以引出导线，接外部采集设备。第二种方法看似准确，但实际仍存在问题：索直径仅 5mm，对称粘贴应变片，操作困难；下弦杆管壁开孔，破坏了截面；下弦杆安装困难；张拉时索的空间位形不断发生改变，应变片很容易与管壁内侧发生摩擦甚至脱落。

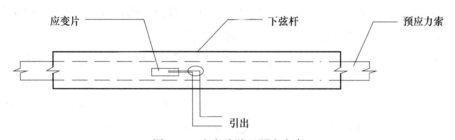

图 5.36　应变片贴于预应力索

利用镦头锚可一端张拉的特点，现提出一种新的测试预拉力方法，如图 5.37 所示，压力传感器置于张拉端节点外侧，预拉索穿心而过。镦粗大头和传感器间设钢垫板，钢垫板中央开孔，孔径大于索直径，便于索穿越，但小于镦头直径，使张拉时索大头端带动钢垫板，把预拉力以压力形式施加于压力传感器；压力传感器另一端顶紧在张拉端节点。由于节点设计时预留了操作面（图 5.37 中的垫板）给传感器，因此可保证压力传感器受力均匀。油泵型号是山东省德州液压机厂 1979 年制造的 LSJ-4×400 型。

（3）变形测试

根据试验条件，采用市售钢卷尺和线锤测量成形后网壳的形状参数。

（4）成形试验过程

根据未穿对角线下弦杆时张拉得到的计算结果，将对角线下弦杆截短。从端部算起，间隙值分别为 15.6mm、37.6mm、32.7mm、37.6mm 和 15.6mm。

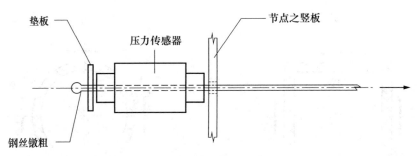

图 5.37　压力传感器布置于节点外侧

　　首先，分别对周边 4 道下弦杆施加预应力 8kN。此时，网架形状无改变，上弦杆均处于平面状态。张拉顺序对下弦杆轴向应力略有影响，但可以通过补拉或适当卸载加以调整。除周边下弦杆外，上弦杆及腹杆应力变化甚微，可忽略不计。

　　然后，沿下弦杆对角线方向张拉。随着预拉力的增大，对角线节点间距逐渐减小，杆端与节点的间隙渐渐变小。倒置于平坦地面的网架外观上表现为：张拉对角线下弦端部节点逐渐翘起，副对角线下弦端部节点下弯。最终，所有预留间隙同时闭合，此时停止张拉。压力传感器测得预拉力是 6.4kN。网架由平面状态转变成具有平滑表面的鞍形。计算机采集的应变数据表明，在张拉过程中，上弦杆、腹杆应力逐步增大，对角线下弦杆应力较小。上弦杆弯曲应力占比较大，外观上也以弯曲变形为主；腹杆少数是拉弯构件，大多数是压弯构件，且轴向压应力占比较弯曲应力大；对角线下弦杆均属压杆，应力值偏低，弯曲应力占比很小。静态电阻应变仪测得数据表明，对角线张拉过程中，周边下弦杆受到很小的压应力。以上各测试点的应力均处于弹性范围。

　　将对角线预应力索卸载到零，整个网壳的外形由鞍形又恢复至平板状态的网架。仔细观察，有个别上弦节点（张拉对角线上两个靠近端部的内节点）附近发生轻微塑性变形。这一点由水平和竖直方向的残余变形测量也得到证实。但是，并不影响网架的外形。

　　考虑到预应力锚具锁住过程中会导致预应力损失，故实际超张拉 3%。图 5.38 所示为液压式千斤顶对周边下弦杆进行张拉；张拉成形后倒置状态的鞍形网壳如图 5.39 所示；根据测量数据得到跨度与高度的关系如图 5.40 所示。

图 5.38　千斤顶张拉

图 5.39　成形后的鞍形网壳（倒置状态）

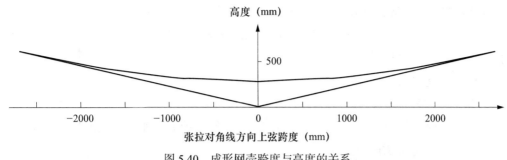

图 5.40   成形网壳跨度与高度的关系

5.2.2   成形有限元分析

1. 杆件建模

上弦杆采用连续的方钢管相搭接及螺栓连接，应该考虑搭接造成的偏心，因此，上弦层建模时在三维坐标系分为两层杆，高差为上弦方管边长，采用梁单元。

腹杆一端压扁、弯起，呈鸭嘴状，与上弦杆方钢管侧面螺栓连接。对于腹杆是否应考虑鸭嘴偏心影响，有两种观点：一种是依照几何构造，将鸭嘴区代之以扁平截面梁，其余部分按圆管截面梁考虑，英国 Dundee 大学 Al. Sheikh 等即采用此法为 Catrus 网架建模；另一种观点以 G. Dahdashti 和 H. W. Li 为代表，认为可按照一端铰接的梁处理。

第一种方法应用于有限元分析时，鸭嘴部分很快进入塑性区，由于塑性变形过大，导致计算收敛困难。网架试验中，观察该部位并未发生导致影响网架结构的塑性大变形，因此，这种模拟方法过低地估计了鸭嘴区的刚度，Catrus 网架中 4 个鸭嘴扁梁高度上叠置建模，具有一定抗弯刚度，因此计算上未出现不收敛。

H. W. Li 等的穿顶模型压杆试验对象包括：① 一端固支一端刀口铰支的鸭嘴式腹杆（偏心 8mm）；② 同材质、同规格截面、同长细比的两端铰支轴心压杆（$\phi 13.5 \times 2.3$，长 452mm，长细比为 112，屈服强度为 350MPa）；③ 同材质、同规格截面、同长细比的一端铰支一端固支轴心压杆。试验的荷载－轴向位移曲线表明，在轴压力小于 6kN 时，3 根曲线基本重合，轴向缩短量不到 0.4mm，鸭嘴式腹杆介于两端铰支轴心压杆和一端铰支一端固支轴心压杆之间，稍偏于后者。压杆试验中，鸭嘴式腹杆的支承做法是先把鸭嘴端弯成 90°，再支承于刀口铰上，但这与实际的弯起角度及连接构造不符，低估了承载力。另外，螺栓连接影响区面积相对于鸭嘴区不可忽视，因此可知，试验网架中的腹杆杆端约束更强。本书的网架试验中，腹杆受的轴力普遍较小，因此，本书中鸭嘴式腹杆的模拟按照一端铰接的梁处理。

根据边界约束状况，结合应力测试可知，周边下弦杆全截面受压，弯曲应力很小，所以按照杆单元建模。

预应力索在张拉过程中有弯曲变形，因此按照梁单元建模。

本书网架成形有限元模拟的是对角线下弦仅穿预应力索进行张拉的情形，不考虑同位置下弦杆存在。理由如下。

预应力施加于结构，是外力功输入转化为体系各部分能量的过程，表示为：

$$W_外 = E_上 + E_腹 + E_下 + E_索 + E_动 \qquad (5.1)$$

式中　$W_外$——外力做的功；

　　　　$E_上$——上弦杆的应变能；

　　　　$E_腹$——腹杆的应变能；

　　　　$E_下$——下弦杆的应变能，包括对角弦下弦杆的应变能 $E_{对下}$ 和周边下弦杆的应变能 $E_{周下}$；

　　　　$E_索$——预应力索的应变能；

　　　　$E_动$——与刚体运动有关的动能。

本试验涉及的预应力张拉属于准静态过程，故 $E_动$ 近似为零。则：

$$W_外 = E_上 + E_腹 + E_下 + E_索 \qquad (5.2)$$

由式（5.2）可知，外力功导致的应变能由四部分组成：上弦杆的应变能、腹杆的应变能、下弦杆的应变能和预应力索的应变能。预应力的目的是使网架变形成为鞍形网壳，而鞍形的形成主要来自上弦杆的变形。

设想第一种情形：对角线下弦杆预留间隙设置不恰当，导致不能同时闭合，就必须继续增大预拉力，使剩余间隙闭合，因此张拉结束时，$E'_{对下} > 0$，外力功表述为：

$$W_外 = E_上 + E_腹 + E_{对下} + E_{周下} + E_索 \qquad (5.3)$$

设想第二种情形：若对角线下弦杆预留间隙设置恰当，使得张拉结束时间隙恰好同时闭合，此刻对角线下弦杆压应力很小，接近于零，则其应变能 $E'_{对下}$ 也为零，外力功表述为：

$$W'_外 = E'_上 + E'_腹 + E'_{周下} + E'_索 \qquad (5.4)$$

设 $W_外 = W'_外$，则 $E'_上 + E'_腹 + E'_{周下} + E'_索 > E'_上 + E'_腹 + E'_{周下} + E'_索$，前人及本试验结果都表明，随着预拉力的增大，各杆件应力单调增大。换言之，随着外力功的增加，各杆件应变能也单调增大。这就意味着，相对于第一种情形，外力功在第二种情形下更多地分别转化为上弦杆的应变能 $E'_上$，进而可推断，要得到同样的矢跨比，情形二需要的预拉力小于情形一。从经济性角度看，由于预应力工程张拉报价一般与预拉力吨位成正比，所以预应力降低还可以降低施工成本。

如要确定第二种情形下的间隙值，可考虑建模时，不计对角线下弦杆的存在，仅在同一位置设预应力索，并建立索与其绕过的对角线下弦节点之间的接触关系。施加负温差于对角线索，以模拟预拉力。经试算可确定负温差取值，由变形后节点相对距离可确定预留间隙。

2. 节点连接建模

对于上弦杆搭接的螺栓连接，首先考虑采用 ABAQUS 中的 Hinge 连接件（Hinge connector element）模拟，描述如下。

建立局部坐标系，原点位于较低高度的上弦杆栓孔中心，螺栓轴向为局部坐标系 1 轴，按照右手螺旋法则，则两上弦杆轴向分别为 2 轴、3 轴，如图 5.41 所示。节点实际是两个：设较高上弦节点为 a，较低上弦节点为 b，

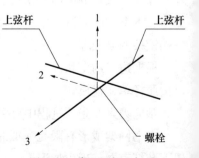

图 5.41　建立局部坐标系

在局部坐标系里，共有 6 个自由度：u_1，u_2，u_3，ur_1，ur_2，ur_3，其中，u 是平动自由度，ur 是转动自由度，下角标表示坐标轴，ur_2 表示绕 2 轴的转角。

由于螺栓预拉力远小于设计值，因此可认为两上弦杆绕栓轴可发生相对转动，则点 a 与点 b 运动学关系如下：

$$u_{1a} = u_{1b}, \quad u_{2a} = u_{2b}, \quad u_{3a} = u_{3b}$$
$$ur_{2a} = ur_{2b}, \quad ur_{3a} \text{ 和 } ur_{3b} \text{ 相互独立}$$

前已述及，腹杆与上弦节点连接按照铰接处理。这里采用 Join 连接件（Join connector element）模拟。描述如下。

设连接处有两个节点，点 a 表示上弦杆的节点，点 b 表示腹杆的节点，在任意局部坐标系里，点 a 和点 b 运动学关系如下：

$$u_{1a} = u_{1b}, \quad u_{2a} = u_{2b}, \quad u_{3a} = u_{3b}$$

应该指出，Hinge 连接件忽略了连接中的摩擦力和摩擦力矩（尽管第 2 章已对原因加以阐述），为慎重起见，在本文的成形模拟中，还考虑了一种极端情况：连接中的摩擦力和摩擦力矩如此之大，以至于上弦杆绕栓轴无相对转动。在此情况下，螺栓连接考虑改用 ABAQUS 中的 Weld 连接件（Weld connector element）模拟，Weld 连接件与 Hinge 连接件类似，局部坐标系相同，不同之处是点 a 与点 b 的运动学关系，其关系如下：

$$u_{1a} = u_{1b}, \quad u_{2a} = u_{2b}, \quad u_{3a} = u_{3b}$$
$$ur_{1a} = ur_{1b}, \quad ur_{2a} = ur_{2b}, \quad ur_{3a} = ur_{3b}$$

5.2.3　成形有限元分析与试验比较

建立的网架有限元模型如图 5.42 所示。

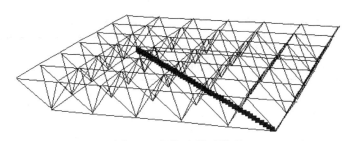

图 5.42　网架有限元模型

1. 成形形状

受试验条件限制，未能对成形后每个节点的空间位置进行测量，仅测量了鞍形网壳对角线的若干点位置，因为这些点可表征跨度、高度等主要几何参数。鞍形网壳外形的有限元计算结果与试验结果比较见表 5.2 和表 5.3。

相比 Hinge 连接件，Weld 连接件的引入导致网壳的预测高度误差较大，从 0.09% 升至 11.2%；主对角线上弦层误差略微降低，从 1.28% 下降至 0.44%；主对角线下弦层误差略微升高，从 0.52% 升至 0.83%；副对角线下弦层误差略微降低，从 0.85% 降至 0.76%。综合判断，Hinge 连接件模拟螺栓连接远优于 Weld 连接件。

有限元（**Hinge** 连接件）计算结果与本书试验结果比较（单位：mm）   表 5.2

项目	有限元（Hinge 连接件）		试验	
	上弦层	下弦层	上弦层	下弦层
高度	620.6 （误差 0.09%）	—	620	—
主对角	5321 （误差 1.28%）	4438 （误差 0.52%）	5390	4415
副对角	—	4665 （误差 0.85%）	—	4705

有限元（**Weld** 连接件）计算结果与本书试验结果比较（单位：mm）   表 5.3

项目	有限元（Weld 连接件）		试验	
	上弦层	下弦层	上弦层	下弦层
高度	550.6 （误差 11.2%）	—	620	—
主对角	5366 （误差 0.44%）	4452 （误差 0.83%）	5390	4415
副对角	—	4669 （误差 0.76%）	—	4705

H. W. Li 的试验结果与有限元计算结果比较见表 5.4，模型平面尺寸为 3.12m×3.12m，有限元结果在高度上与试验结果比，高了 67.8%，误差很大。本书试验网架平面尺寸为 3.90m×3.90m，远大于 H. W. Li 试验模型，可以预计，若按照传统方法计算，从误差累积看，高度误差会更大。

H. W. Li 的试验结果与有限元计算结果比较（单位：mm）   表 5.4

项目	有限元		试验	
	上弦层	下弦层	上弦层	下弦层
高度	700 （误差 67.8%）	—	417	—
主对角	4226 （误差 1.95%）	3715 （误差 0.93%）	4310	3750
副对角	4432 （误差 0.27%）	3521 （误差 0.25%）	4420	3530

应该指出，Weld 连接件远不能真实反映上弦杆螺栓连接，逊色于 H. W. Li 使用的节点建模方法，但对比表 5.3 和表 5.4 可发现，Weld 连接件对成形预测在高度上的误差小得多。这说明，本文使用的基于梁单元的"管-管"的接触算法，可大大提高后张拉预应力成形鞍形网壳的形状预测精度。

图 5.43 所示为成形后正置的鞍形网壳，图 5.44 所示为有限元变形分析结果。图 5.45 和图 5.46 可直观反映几种有限元分析方法的优劣。

图 5.43　成形后的鞍形网壳

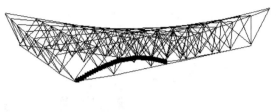

图 5.44　有限元变形分析（Hinge 连接件）结果

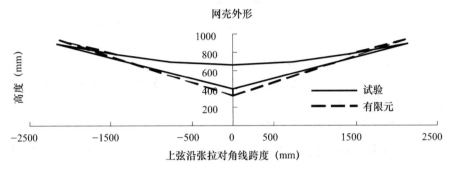

图 5.45　H. W. Li 试验值与有限元计算值比较

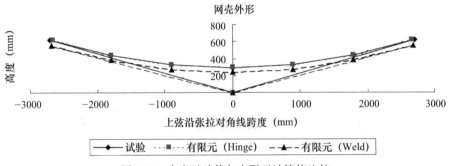

图 5.46　本书试验值与有限元计算值比较

2. 应力

（1）上弦杆应力

试验测得，对称分布的杆件其应力也基本对称。如图 5.47 所示，顶、底部最大弯曲应力位于 2 杆和 11 杆，分别是 180MPa、175MPa。有限元计算结果也表明，这两根杆的顶、底部弯曲应力最大，分别是 65.1MPa、61.6MPa。在应力分布趋势上，有限元计算结果和实测值吻合。但也有个别杆件实测值显示出非对称性，如有限元计算结果表明，最小弯曲应力位于 5 杆和 8 杆，分别是 3.2MPa、4.4MPa，但实测结果显示，12 杆和 8 杆应力最小，分别是 5.6MPa、18.6MPa。5 杆实测值是 28.3MPa。6 杆实测值较理论值偏大，实测 99MPa，理论值是 13.85MPa。总体上，顶、底部弯曲应力分布趋势为，越靠近两端部应力越大；越靠近鞍形中央应力越小。

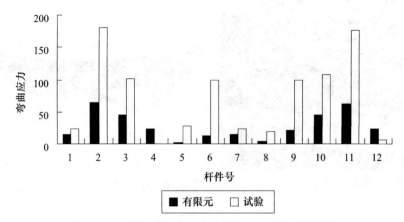

图 5.47　上弦杆顶底弯曲应力试验值和有限元计算值

如图 5.48 所示，左右侧面的最大弯曲应力理论上位于 3 杆和 10 杆，实测中，10 杆、6 杆应变片出现异常，未能得到数据。3 杆实测值为 54.5MPa，实测最大值位于 8 杆，为 84.1MPa，但与其对称的 5 杆弯曲应力却并不大，仅为 21.4MPa，5 杆理论值为 14.5MPa，因此推断，8 杆实测值是异常的。1 杆实测值与理论值差异较大，实测为 30MPa，理论值为 7.2MPa。对比 1 杆对称位置的 12 杆，其弯曲应力实测值为 18.6MPa，可见 1 杆实测值不准确。左右侧面的弯曲应力分布总趋势为，从端部向中央呈"低－高－低"走势，总体大大小于顶底弯曲应力。

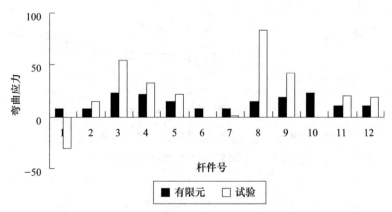

图 5.48　上弦杆左右弯曲应力试验值和有限元计算值

上弦杆轴应力的有限元计算结果普遍很小，最大值位于 6 杆，为 −7.55MPa，如图 5.49 所示。试验测得上弦杆最大轴应力也位于 6 杆，最大值不到 −26MPa，8 杆计算值与测试值差别较大，计算值为 −0.5MPa，测试值为 13.9MPa。与 8 杆对称分布的 5 杆测试值为 −12.5MPa，说明 8 杆应力异常。

上弦杆弯曲应力很大而轴应力均很小，在弯曲应力中，顶底弯曲应力又大于左右弯曲应力，这说明，上弦杆轴向变形很小，发生的变形以上弦层面外弯曲变形为主。

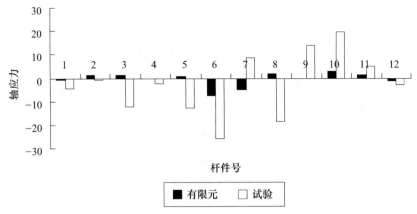

图 5.49　上弦杆轴应力试验值和有限元计算值

网架形状的改变主要来自上弦层面外弯曲变形，因此，为保障预拉力较小，上弦杆截面惯性矩不宜太大。

（2）腹杆应力

图 5.50～图 5.57 所示为各腹杆应力的试验值与有限元计算值对比，可见应力变化趋势是吻合的。图中横坐标 1、2、3、4 分别表示腹杆截面 0°、90°、180°、270° 位置。

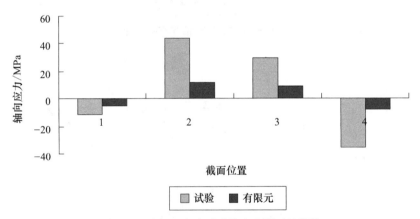

图 5.50　腹杆 1 应力试验值和有限元计算值

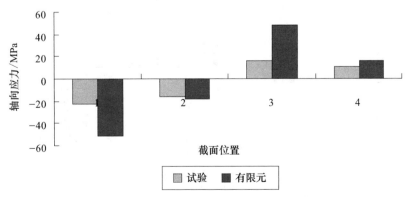

图 5.51　腹杆 2 应力试验值和有限元计算值

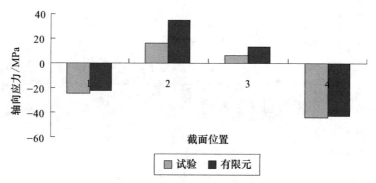

图 5.52　腹杆 3 应力试验值和有限元计算值

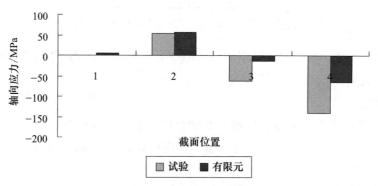

图 5.53　腹杆 4 应力试验值和有限元计算值

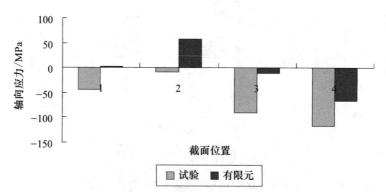

图 5.54　腹杆 5 应力试验值和有限元计算值

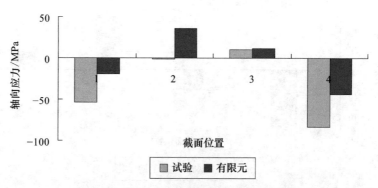

图 5.55　腹杆 6 应力试验值和有限元计算值

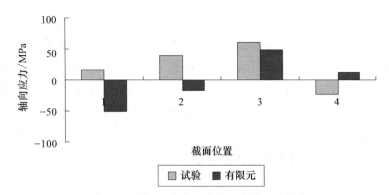

图 5.56　腹杆 7 应力试验值和有限元计算值

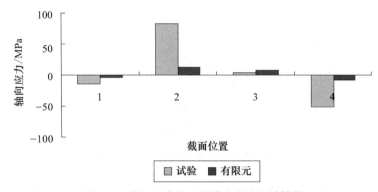

图 5.57　腹杆 8 应力试验值和有限元计算值

腹杆 1 最大应力出现在 90° 位置，试验值为 44.2MPa，计算值为 12.1MPa；最小值位于 0° 位置，试验值为 -11.2MPa，计算值为 -4.9MPa。

有限元计算值和试验值均提示，腹杆 2 最大应力值位于 0° 位置，试验值为 -22.6MPa，计算值为 51.4MPa；最小值位于 -90° 位置，试验值为 11.2MPa，计算值为 15.7MPa。

腹杆 3 最大应力出现在 -90° 位置，试验值为 -43.2MPa，计算值为 -43MPa；最小值位于 180° 位置，试验值为 6.4MPa，计算值为 13.2MPa。

腹杆 4 最大应力出现在 -90° 位置，试验值为 -43.2MPa，计算值为 -43MPa；最小值位于 180° 位置，试验值为 6.4MPa，计算值为 13.2MPa。

腹杆 5 最大应力出现在 -90° 位置，试验值为 -116.4MPa，计算值为 -65.7MPa。试验最小值位于 90° 位置，为 -8MPa；有限元计算最小值位于 90° 位置，为 2.4MPa。

腹杆 6 最大应力出现在 -90° 位置，试验值为 -83.2MPa，计算值为 -43.8MPa。试验最小值位于 90° 位置，为 -1.2MPa；有限元计算最小值位于 180° 位置，为 11.1MPa。

腹杆 7 有限元计算值与试验值出入较大，试验最大应力出现在 180° 位置，为 60.2MPa，此处计算值为 49.5MPa；有限元计算最大应力位于 0° 位置，为 -52.3MPa，此处实测值为 16MPa。其余两位置应力的计算值和试验值出现反号。

腹杆 8 最大应力出现在 -90° 位置，试验值为 -83.2MPa，计算值为 12.5MPa。试验和有限元结果都表明，最小值位于 0° 位置，试验值为 -13.6MPa，有限元值为 -4.4MPa。

腹杆轴力如图 5.58 所示，由图可知，腹杆多为压弯杆件，两端部的 1 杆和 8 杆受拉，试验显示，7 杆也受拉，但与其对称分布的 2 杆受压，表明 7 杆的试验结果并不可靠。有限元计算结果指明，压杆中，3 杆、4 杆、5 杆和 6 杆受轴压力较大，其中 3 杆和 6 杆受的轴力最大，为 −319N，4 杆与 5 杆轴力略小，为 −286N。但试验测得 5 杆轴力最大，为 −4856N，其次是 6 杆与 3 杆，分别为 −3270N 和 −3225N。1 杆和 8 杆，3 杆和 6 杆对称性较好，但 4 杆与 5 杆轴压力试验值相差较大。总体来说，腹杆轴力差异较大，靠近网壳中央的杆件轴压力大；越往两端，轴力越小。

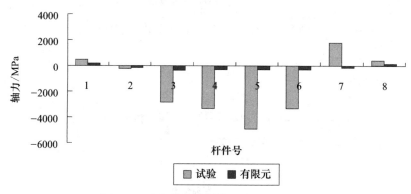

图 5.58　腹杆轴力试验值和有限元计算值

图 5.59 所示为腹杆 0°～180° 弯曲应力的试验值和有限元计算值，图 5.60 所示为腹杆 270°～90° 弯曲应力的试验值和有限元计算值。0°～180° 弯曲应力分布趋势为：从端部向鞍形中央呈"低－高－低"趋势。但应力值偏小，试验测得最大仅 31.8MPa。270°～90° 弯曲应力分布趋势为：从端部向鞍形中央呈"高－低－更高"趋势，4 杆、5 杆很高，分别为 97MPa、54MPa。腹杆贴片相对鸭嘴区位置如图 5.61 所示。由于鸭嘴区在 270°～90° 方向高度很低，腹杆弯曲变形的中性轴位于 0°～180°，因此 270°～90° 弯曲应力大于 0°～180° 弯曲应力。理论值也证实了这一点。270°～90° 弯曲应力的有限元计算结果呈现为"低－高"趋势，端部腹杆理论值与实际测试值不符。究其原因，实际端部张拉节点具有一定体积，相比腹杆截面尺寸大，导致节点产生附加弯矩，而有限元建模无法考虑节点体积影响，因此与节点连接的腹杆 270°～90° 弯曲应力实测值偏大。

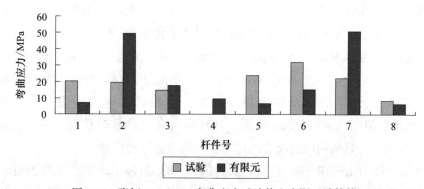

图 5.59　腹杆 0°～180° 弯曲应力试验值和有限元计算值

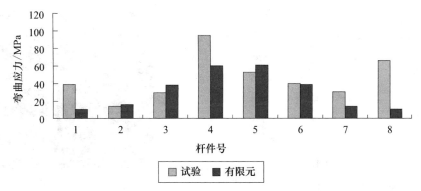

图 5.60　腹杆 270°～90° 弯曲应力试验值和有限元计算值

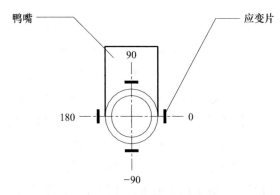

图 5.61　腹杆贴片相对鸭嘴区位置

（3）周边下弦杆应力

对角线下弦张拉过程中，周边下弦杆应力普遍较小，且均为压应力，最大值位于对角线张拉端节点附近的下弦杆，轴应力为 −12.6MPa。有限元分析也表明这个位置的周边下弦杆轴应力最大，分别为 −4.2MPa 和 −3.89MPa。

（4）对角线下弦杆应力

张拉过程中，对角线下弦应力均为压应力，但均较小。如图 5.62 所示，轴应力最大值位于 4 杆，为 −20.7MPa；最小值位于 2 杆，为 −4.7MPa；1 杆轴应力也较小，为 −5.3MPa。由于制作误差影响，对称位置的杆件应力并不对称。

本次张拉试验中发现 2 个上弦节点附近出现塑性变形，即上弦杆 2 和杆 3 交汇节点，上弦杆 10 和杆 11 交汇节点。这在之前的试验研究中未予报道。由于对称关系，仅给出一个节点图片，如图 5.63 所示。

上弦杆搭接区螺栓孔的存在对杆截面是个削弱，螺栓连接会在节点区域形成应力集中，其影响是区域性的，并不局限于孔径之内。有限元建模时采用了梁单元，螺栓连接对节点区域的影响被缩小为一个空间点，螺栓连接产生的约束实际被理想化地"弱化"处理。所以，计算虽显示节点周围有相对较高应力存在，但 Mises 应力值最大为 202MPa，接近但未超过材料屈服点 217MPa，可是试验已观察到塑性变形。可见，虽计算值偏小，但有限元分析表明了节点周边应力的分布趋势，对于试验网架的改进仍起指导作用。

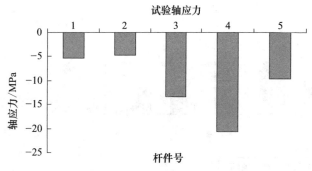

图 5.62 对角线下弦杆轴应力试验值

图 5.63 上弦节点附近的塑性变形

3. 预应力

试验测得最终预拉力为 6.4kN，相对于 H. W. Li 试验需要的张拉力 14.5kN，本试验的预拉力大大降低，这是由于采用了新的有限元分析方法，合理确定了下弦杆预留间隙，保证间隙基本一次性闭合。然而，有限元分析得到预应力索最终拉力值仅为 1.25kN，与试验结果差别较大。原因在于，有限元建模考虑的是对角线下弦杆不存在的情形，即不穿管张拉；而试验中，对角线下弦杆是随着间隙闭合补充到网架结构中，这一点在有限元分析中未考虑。加工误差使得预留间隙并不能做到理论要求的同时闭合，这意味着杆件是分批次加入结构中（图 5.64），网架结构面外抗弯刚度逐渐增强。因此，随着张拉进行，结构变形就需要索中的预拉力增大，而预拉力的进一步增加，会导致构件内力的增大，包括上弦杆、腹杆和下弦杆，这也是以上应力试验值大多高于计算值的一个重要原因。本书的有限元分析可用于成形预测，但不能模拟补杆引起整体结构总刚度增大，所以预拉力计算值大大小于试验值。

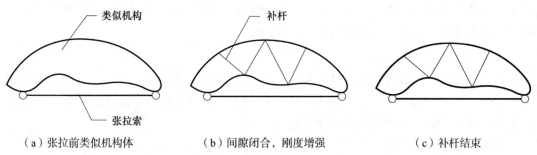

（a）张拉前类似机构体 （b）间隙闭合，刚度增强 （c）补杆结束

图 5.64 向结构补杆，结构刚度逐渐增大的张拉过程

5.3 鞍形网壳竖向极限承载力试验

5.3.1 测试内容

1. 杆件应力

包括上弦杆、腹杆和下弦杆，贴片的杆件参见图 5.34，相对于管截面中心的位置参见

图 5.35。

2. 节点挠度测量

取覆盖毫米刻度坐标纸的尺子，将直尺竖立并固定于上弦节点，模型旁边架设两台水准仪。施加荷载前，由水准仪读取尺子刻度，计为初读数。每加一级荷载就读一次尺子刻度，与初读数相减即可得挠度。

5.3.2 加载架

由于张拉成形后，网壳 4 个角部的下弦节点呈菱形分布，不符合试验室槽道间距，边界支承点落于槽道之间，这样就必须在试验室提供的 2 根工字钢梁工 25b 之间设置 2 根钢梁或 4 个钢牛腿，鉴于试验室已有牛腿，最终选择设牛腿方案。但钢梁工 25b 后续将被试验室用作吊车轨道梁，所以，要求不得在工字钢梁上施焊或钻孔，这就给牛腿与钢梁间的连接带来难题。根据前人的试验研究，预计本试验模型承载力小于 40kN，则每个牛腿受到竖向集中力不到 10kN，应该说是相当小，因此设计了一种特殊的牛腿连接，即 2 块钢板用 4 根两端车螺纹的高强螺杆固定于工 25b 钢梁上下翼缘板外表面，钢板再与牛腿翼缘板对接焊，这样就满足了试验室要求。最后，在牛腿外端设置立柱，以避免钢梁受扭变形，如图 5.65 所示，高强螺杆固定的钢板如图 5.66 所示。

图 5.65 牛腿外端加设圆管立柱   图 5.66 高强螺杆固定钢板

5.3.3 加载方式

鞍形网壳试验模型网格数为 6×6，如图 5.67 所示，故上弦加载点为 5×5，而传统的分配梁加载体系要求加载节点必须为 $2m \times 2n$ 个（m、n 为任意自然数）。因此，传统的加载方法无法对上弦节点加载，如一定要用分配梁加载体系，只有将加载点移至下弦节点，如图 5.68 所示。然而在真实情况中，外荷载一般作用于上弦节点，加载点下移的传统加载方法将不能真实反映结构承载能力。因次，本次试验采用绳索和滑轮组成的新型加载体系，实现了对上弦节点加载，以及测试挠度和杆件应力，以探究结构的真实极限承载力。

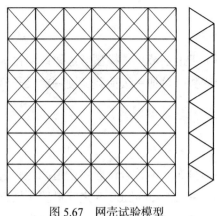

图 5.67 网壳试验模型

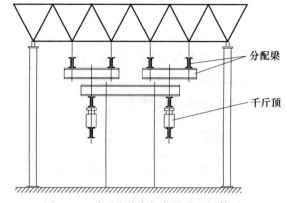

图 5.68 对下弦节点加载的分配梁体系

试验共设置加载点 25 个，具体位置如图 5.69 所示。由于实验室砝码重量偏大，因此，荷载分级以秤量沙袋作配重，每只沙袋重 3.5kg。

共有 10 个挂沙袋点，位于图 5.69 所示 B～F 轴，每个挂点由一人负责。指挥号令一下，在每个挂点同时挂一个沙袋，要求动作轻缓，尽量使沙袋不发生摆动，即保证静载荷形式。待沙袋静止后，计算机采集系统记录应变，从水准仪镜头观测并记录上弦节点直尺对应刻度。停止加荷标准为结构无法维持目前荷载，即达到破坏。

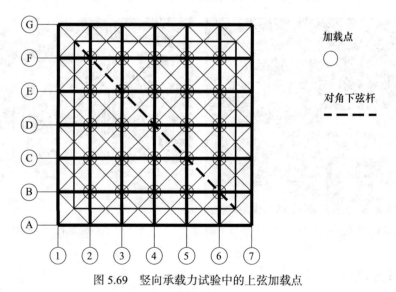

图 5.69 竖向承载力试验中的上弦加载点

5.4 试验结果及分析

5.4.1 加载过程

成形试验造成 2 个上弦节点进入塑性变形阶段，分别是 2 轴和 F 轴交汇处、6 轴和 B 轴交汇处。塑性区的出现将导致承载能力的下降。具体加载过程如下。

1. 第一级荷载（3.5kg）

加载后，挠度最大的 2 个节点是已进入塑性变形阶段的 2 个节点，如图 5.70 所示。5 轴和 C 轴交汇处，3 轴和 E 轴交汇处的 2 个节点挠度也较大，从而在主对角线上的上弦节点出现 4 个"塌陷"。上弦杆轴应力分布的对称性不明显，11 杆和 12 杆与对称位置的 1 杆和 2 杆轴应力不但数值相差较大而且反号。上弦杆轴应力大致呈现对角线两端轴力大的特点，如 1 杆、2 杆和 10 杆；靠近中部的上弦杆轴应力较小，如 5 杆、6 杆、7 杆和 8 杆。但加载过程中，对角线下弦杆受轴压力，最大轴应力位于中部的下弦 3 杆，不到 −20MPa 并持续增大。

图 5.70　2 轴和 F 轴交汇处的节点

2. 第二级荷载（3.5kg×2）

主对角线上的上弦节点"塌陷"程度加重，5 轴和 C 轴交汇处、3 轴和 E 轴交汇处的 2 个节点挠度发展很快，如图 5.71 所示。上弦节点挠度加剧引起对角线下弦节点的空间位置下沉，下弦杆件从拱形变为下垂，如图 5.72 所示。显而易见，去除 4 根腹杆不利于网壳的竖向刚度。

图 5.71　部分上弦节点"塌陷"　　　　　图 5.72　对角线下弦节点下沉

3. 第三级荷载（3.5kg×3）

网壳上弦节点挠度发展加剧，节点处固定的直尺倾斜角度加大，如图 5.73 所示，形象地显示节点的空间位形改变是复杂的，不仅有平动，还有转动且转角较大。因此，读取直尺刻度不能准确反映所在节点的挠度。但所幸，由于结构几何对称性和荷载对称性较好，上弦中央节点（4 轴和 D 轴交汇处）的直尺一直保持竖直状态，最终，选择该点竖向位移作为荷载－位移曲线的横坐标。根据 H. W. Li 的试验结果，上弦中央节点挠度最大，以其为依据绘制的荷载－位移曲线可以反映整体结构的结构性能。支座附近的腹杆出现屈曲，如图 5.74 和图 5.75 所示，注意其屈曲方向与拉力试验机刀口铰支承的偏心压杆试验观察到的方向不符，这也印证了本书第 3 章所述未将鸭嘴式腹杆视为一端偏心的梁是正确的。已进入塑性变形阶段的 4 个上弦节点经历了显著的塑性大变形，实际已形成塑性铰，必然引起结构内力重分布，所以一些杆件轴应力急剧变化，甚至反号。此级的总荷载为 10.43kN。

图 5.73　大角度倾斜的直尺

图 5.74　支座附近腹杆（左起第三根）屈曲

图 5.75　支座附近腹杆（中间）屈曲

4. 第四级荷载（3.5kg×4）

考虑到滑轮重量，已进入塑性变形阶段的两个上弦节点处的上弦杆断裂，如图 5.76

所示。荷载无法维持，试验中止，鞍形网壳整体变形类似于沿张拉对角线"对折"，如图 5.77 所示。此级施加的总荷载为 13.57kN。遗憾的是，计算机采集系统出了问题，未能记录该级荷载下的应力。

图 5.76　上弦杆在节点处断裂　　　　　图 5.77　第四级荷载作用下的网壳整体变形

5.4.2　试验结果

1. 荷载－位移曲线

鞍形网壳荷载－位移曲线如图 5.78 所示，其中横坐标为上弦中央节点的挠度。在第一、二级荷载作用下，荷载－位移曲线表现出线性特征，但取消 4 根腹杆导致其连接的节点区域在成形阶段进入塑性，当竖向点荷载施加时，节点区塑性变形增加较快，结构上弦层在该阶段出现"局部凹陷"。当第三级荷载施加后，"凹陷"现象加重，部分上弦节点实际成为塑性铰，引起杆件内力重分布，支座附近的腹杆开始进入屈曲，荷载－位移曲线表现为整体刚度下降。第四级荷载阶段，塑性变形的发展导致断裂发生，相当于去除了与断裂发生节点相连的部分上弦杆和腹杆，结构整体刚度大大降低，接近为零，外荷载出现无法施加的现象，标志着结构已破坏。综上所述，该网壳的竖向极限承载力为 7.26kN。

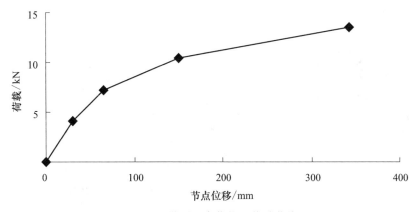

图 5.78　鞍形网壳荷载－位移曲线

总体上，鞍形网壳的荷载－位移曲线未出现下降段，所以整体失稳不是主要破坏形式，重点考虑的是结构刚度。可以预计，当采取适当结构改进措施（如对腹杆补杆，或增大上弦杆截面，或加强部分上弦节点）之后，网壳结构的竖向承载能力将得到提高。

2. 上弦杆轴应力

由于承载力阶段受的外荷载均为集中荷载，且作用在上弦节点，因此，轴力是杆件主要内力形式。图 5.79 和图 5.80 分别表示不计入和计入成形预应力影响的上弦杆轴应力。从图 5.80 可看出，上弦杆轴应力沿对角线分布不均匀，大致呈两端较高、中部低的趋势。另外，对称性也较差，如 1 杆、2 杆与对应的 12 杆、11 杆轴力差别较大，1 杆轴应力为113.5MPa；2 杆轴应力为 83.8MPa；12 杆却是受压，轴应力为 −34.8MPa；11 杆也受压，轴应力为 −22.9MPa。3 杆在前两级荷载作用下轴力几乎为零，但与其对称位置的上弦杆10 轴应力达到 135MPa。4 杆和 9 杆对称性较好。6 杆在前两级荷载作用下受压，轴应力为 −42MPa；而对称位置的 7 杆却是拉杆，轴应力分别为 20.2MPa 和 13.7MPa。特别是第三级荷载施加后，杆件轴应力发展趋势急剧变化，如 4 杆、6 杆和 10 杆；部分杆件甚至出现反号，如 3 杆、7 杆和 9 杆。这也恰恰说明，此级荷载作用后引起了杆件内力重分布。3 杆轴应力为 −69.3MPa，6 杆轴应力为 −73.7MPa，而上弦杆按照两端铰接轴心压杆计算，屈曲应力 $\sigma_{cr} = 149$MPa，可知杆件未屈曲。

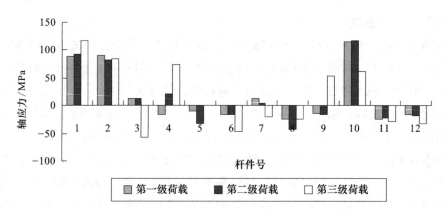

图 5.79　各级荷载作用下的上弦杆轴应力（不计成形预应力影响）

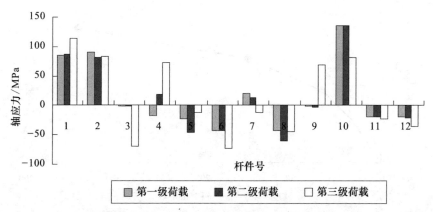

图 5.80　各级荷载作用下的上弦杆轴应力（计入成形预应力影响）

3. 腹杆轴应力

腹杆轴应力沿对角线方向的分布趋势为：在第一、二级荷载作用下，大致是中部较大、端部较小，如图 5.81 和图 5.82 所示。其中，腹杆 5 和腹杆 6 轴应力最大，分别为 −76MPa 和 −54MPa，其余杆件的最大拉应力小于 50MPa。第三级荷载作用后，1 杆和 8 杆应力变化较小，2 杆、4 杆、5 杆、6 杆和 7 杆轴力变化大，其中 2 杆、4 杆和 5 杆由压杆变为拉杆；7 杆轴应力变化最剧烈，从 27.4MPa 增大到 173.8MPa，与其对称的 2 杆的轴应力从 −4.8MPa 增加到 62.5MPa。

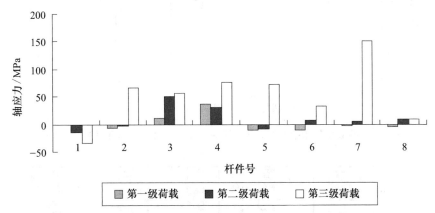

图 5.81　各级荷载作用下的腹杆轴应力（不计成形预应力影响）

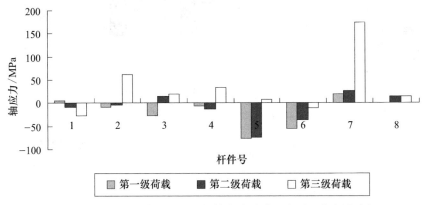

图 5.82　各级荷载作用下的腹杆轴应力（计入成形预应力影响）

腹杆按照两端铰支轴心压杆计算时，$\sigma_{cr}=86\text{MPa}$；按照一端铰支一端固支轴心压杆计算时，$\sigma_{cr}=135\text{MPa}$。可见对角线腹杆轴应力均未超过临界值，试验中也未观察到屈曲发生。由于实验室应变采集通道数量限制，未能对周边下弦杆进行应力测试。

4. 对角线下弦杆轴应力

如图 5.83 和图 5.84 所示，对角线下弦杆始终受压，且轴力均呈增大趋势。在第一、二级荷载作用下，轴应力呈"中间大两端小"的趋势。3 杆和 4 杆轴力较大，第一级荷载作用时最大轴力位于 4 杆，轴应力为 −34.7MPa。第二级荷载作用时，3 杆和 4 杆轴应力均为 −45.7MPa。第三级荷载施加后，由于内力重分布，节点空间位形急剧变化，对角线下弦杆轴力分布未表现出对称性，4 杆仍保持轴力最大，其轴应力为 −65.7MPa；靠近端部的 5 杆轴力增大急剧，从 −18.5MPa 增大到 −60.7MPa。但以上对角线下弦杆均未达到屈曲。

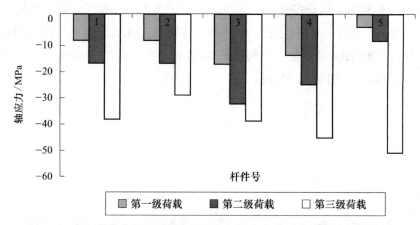

图 5.83　各级荷载作用下的对角线下弦杆轴应力（不计成形预应力影响）

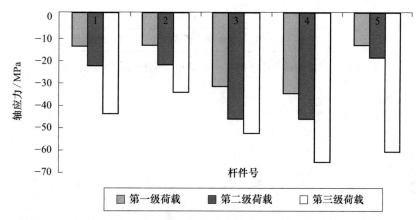

图 5.84　各级荷载作用下的对角线下弦杆轴应力（计入成形预应力影响）

5.5　总结

后张拉预应力成形网壳是传统网架结构和后张拉预应力技术的结合，蕴含着先进的结构理念，即"结构-机构-结构"，符合"钢结构与预应力相结合"这一现代空间结构发展潮流。澳大利亚 Wollongong 大学 L. C. Schimdt 等从广义 Maxwell 准则出发，提出一种局部双层网架——单弦杆网架，通过改变预应力索在网架下弦的位置，以较低的预拉力在地面上将不同结构形式的网架张拉成不同形状的网壳，如柱面、穹顶和鞍形网壳。已进行的探索性研究包括成形试验、极限承载力试验和有限元分析，虽然尚未应用于实际工程，但这种新型结构带来了新的设计思路和新的施工方法。在结构设计计算方面，不局限于结构承载能力的计算，还必须包括成形计算；在施工方面，后张拉预应力成形网壳可实现拼装地面化，且可以减少甚至不需要使用脚手架和起重设备，施工安全、快捷，易于保证工程质量。

1. 研究结论

在前人研究的基础上，结合我国钢材市场实际供应状况，本研究采用 Q235B 高频焊管设计了试验网架，模型采用新型下弦节点；对试验网架模型进行后张拉预应力成形，使其在地面上张拉变形为鞍形网壳；使用新型加载体系对上弦节点加载，进行了满跨竖向极限承载力试验研究，得出结构真实承载能力。理论计算上，建立了新的有限元模型，采用了基于梁单元建模的接触算法模拟预应力张拉成形，提高了成形预测精度，为我国进行此类结构的研究做了起步性工作。本研究得出以下结论。

（1）试验网架节点构造简单，杆件种类少，上弦杆为连续杆，长度统一；腹杆规格统一。网架具有造价低、装配速度快等技术经济性，适合我国国情。

（2）成形试验表明，可用较小的预拉力将试验网架模型张拉成鞍形网壳；Q235B 高频焊管可用于后张拉预应力成形鞍形网壳。

（3）镦头锚张拉方案切实可行，相比传统两端张拉方法，张拉施工量可减少一半，并能给预拉力的测试带来便利。

（4）新型下弦节点可用于试验网架，避免了张拉偏心。

（5）结合镦头锚，提出了一种新的预拉力测试方法，即使用穿心式压力传感器，可准确测试对角线下弦钢索的预应力。

（6）在结构形式和杆件规格尺寸已确定的前提下，对角线下弦杆预留间隙对成形形状起控制作用；实现预留间隙同时闭合可减小试验网架成形所需的预应力。

（7）有限元建模时，将上弦杆作为连续杆，搭接交汇的节点区应用局部自由度耦合技术（Hinge 连接件）；将鸭嘴式腹杆视为一端铰接于上弦杆、另一端固接于下弦节点的梁。经试验证实，这一计算模型符合实际。

（8）成形过程是非线性的，涉及几何、材料和状态非线性（接触）。

（9）分析采用了基于梁单元的"管－管"接触算法，考虑了几何及材料非线性，确定了对角线下弦杆预留间隙值。试验表明，对角线下弦杆预留间隙接近于同时闭合。与前人试验比较，鞍形网壳矢跨比更大，而所需预拉力大大降低。

（10）与前人所建有限元模型比较，本研究采用的有限元模型对鞍形网壳形状预测精度有很大提高。

（11）成形试验和计算均证实，网架形状的改变主要来自上弦杆弯曲变形。上弦杆轴向变形很小，发生的变形以上弦层面外弯曲变形为主。应力测试结果表明，腹杆多为压弯杆件，周边下弦杆和对角线下弦杆的结构特性为压杆。

（12）成形试验表明，为保证预拉力在较小范围，上弦杆截面惯性矩宜小不宜大。

（13）成形试验观察到部分上弦节点出现塑性变形，这一现象以往研究未予报道。这也说明，这种结构形式的网架存在待加强的节点。

（14）有限元计算结果与应力测试结果在分布趋势上吻合，但普遍小于实测值。主要原因是，制作加工误差使对角线下弦杆预留间隙不能实现理想化的同时闭合，下弦杆间隙闭合引起"补杆"，这种结构在几何形式上的改变导致结构刚度逐渐增大。而有限元模型在对角线下弦位置仅能考虑索和下弦节点的存在，不能为下弦杆建模，因此不能考虑实际发生的网架几何形式的改变。

（15）新型加载体系可对网壳上弦节点加载，不受网壳加载节点数目限制，适用范围广，但应用中需要考虑拉力损失问题。

（16）本研究使用新型加载装置首次实现了对此类网壳进行上弦节点加载，得出了真实的竖向极限承载力，而非以往下弦节点加载试验得出的结构刚度。试验结果表明，轴力是杆件的主要内力形式，杆件轴力分布欠均匀，仅支座附近个别腹杆出现屈曲变形。

（17）承载力试验表明，成形阶段部分已进入塑性的上弦节点，在承载力阶段塑性变形发展迅速，在网壳中引起杆件内力的重分布直至发生断裂，结构刚度大大降低。

（18）承载力试验表明，对角线下弦杆受轴压力，不会发生受拉脱离于整体结构，因此，张拉造成的紧密接触连接可以满足对角线下弦杆作为结构杆的要求。

（19）成形阶段导致杆件中出现较大应力，这是试验网壳承载力较低的主要原因。

（20）从鞍形试验网壳的荷载－竖向位移曲线来看，曲线未出现下降段，所以整体失稳将不是结构主要破坏形式，设计重点考虑的应是结构刚度。

2. 有待开展的工作

世界范围内对后张拉预应力成形网壳的研究尚处于探索阶段，许多开拓性的工作仍有待各国学者通力合作去完成。笔者认为，在以后的研究中应着重进行以下工作。

（1）上弦节点的试验研究和有限元分析，进一步探讨节点性能对整个结构的影响，这也是改进有限元模型的一个新思路。

（2）鸭嘴式构件的结构特性试验及理论分析。单杆试验中，鸭嘴端不应仅满足偏心值，更应考虑如何实现鸭嘴端栓接，如此得出的试验失稳曲线才能真实反映鸭嘴式腹杆的结构特性。

（3）张拉周边下弦杆的预应力大小对结构成形和极限承载力的影响分析。当网架尺寸较大、杆件数量较多时，张拉力的取值、张拉顺序对结构成形和极限承载力的影响不容忽视。

（4）改进目前有限元建模思路，实现成形模拟中对角线下弦补杆，以考虑补杆对结构整体刚度的影响，从而可进行成形和极限承载力全过程分析。

（5）试验中对节点空间位置的测量技术做进一步改进，以测量出更丰富的数据，更全面地反映网壳的三维变形，为理论分析提供更详实的数据。

（6）开发周边下弦杆与节点新的连接形式，实现有效的铰接。

（7）开发腹杆与节点新的连接形式，以实现张拉后方便地补杆，提高结构承载能力。

（8）开发新型节点。网架在张拉过程中发生平面内剪切甚至扭转变形，但承载能力又要求张拉引起的杆架内力不宜占去杆件的强度储备，传统节点难以满足这一要求，新型节点的研发是必然趋势。

（9）在几何上创造新的网架结构形式。对于简单地改变网格布置形式等，有必要做大量理论计算和试验验证工作。

（10）本书承载力试验只涉及满跨静荷载，还应考虑其他荷载工况，如半跨静荷载、风荷载等。

（11）抗震研究，如预应力对结构动力特性的影响等。

第6章 宝鸡市游泳跳水馆整体稳定承载力试验

液压千斤顶加载作为一种传统的静力加载方法，在大型空间结构试验中，通常与分配梁体系结合使用，将数量多、覆盖面积大的空间结构加载点位借助分配梁进行层层转换，最终控制在较少数量的千斤顶施力点上，从而减少加载装置成本、降低加载控制难度。宝鸡市游泳跳水馆整体稳定承载力试验，采用了液压千斤顶＋两套自制分配梁体系，在结构的高侧和低侧分别制作、安装分配梁，最后在分配梁的顶端安装加载千斤顶，进行了5个荷载工况和1个极限荷载工况静力加载。

6.1 试验背景

6.1.1 工程概况

1. 建筑设计

宝鸡古称陈仓、雍州，地处关中平原西部。进入21世纪后的宝鸡迅速发展，凭借得天独厚的地理位置，已成为关中—天水经济区副中心城市。2011年，宝鸡获得了陕西省第十五届运动会（简称省运会）的承办权。宝鸡市游泳跳水馆是作为主场馆之一，建设基地位于宝鸡市中心城区的渭滨区，滨河路与高新一路交接处的宝鸡文理学院内部的西北角。场地地势平整呈"L"形，东侧临近校园南北轴线及规划中的北校门，南侧紧邻校园次干道以及艺术学院楼，西侧与高新一路城市外围接壤，北侧为滨河路并紧邻渭河。建设用地南北向宽处为150m，窄处为50m；东西向宽处为240m，窄处为9m。总建设用地面积为19255m²。如图6.1所示。

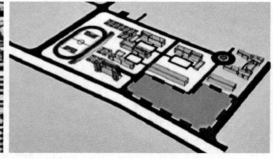

图6.1 宝鸡市游泳跳水管基地概况

宝鸡市游泳跳水馆不但要满足省运会水上运动比赛项目的进行，还担负着承办全国单项水上运动，甚至国际单项比赛的使命。因此，设计要求提出了"实用够用、适当超前"的原则，以应对各个级别的比赛。游泳跳水馆在赛后也将对外开放，供市民锻炼和娱乐，还可利用场地进行展览。游泳跳水馆在宝鸡市属于投资巨大的公共建筑项目，不但要满足各项功能需求，同时肩负着提高城市形象的重大使命。其形体和体量感给人们带来视觉冲击，反映出宝鸡市的文化精神和体育精神，同时体现出城市快速发展的时代感。

　　宝鸡市游泳跳水馆造型设计遵循的原则为：① 作为宝鸡市沿渭河的标志性建筑，宝鸡市跳水游泳馆应当展现出渭河以及水相关造型特征。② 造价决定主体结构形式的选择，因此结构造型应合理。③ 对玻璃幕墙的使用应适度，不仅是考虑到造价，还应兼顾后期的运营成本。在功能布局相同的前提下，经过多个造型方案比较，最终确定的方案取意自《论语·卫灵公》中的"渭水泱泱"，形容渭水的浩荡。造型通过包裹、倒角、错落等现代建筑设计语言，表达出渭水流动这一造型意向，整体造型简洁大气，实施性较强（图 6.2）。

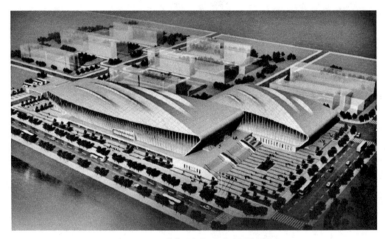

图 6.2　宝鸡市游泳跳水馆效果图

　　建筑整体布局由"L"形建筑形体构成，比赛厅主体为 2 层，局部服务用房为 5 层。游泳比赛池设有 1600 个观众席位，跳水比赛池设有 1000 个观众席位。地下一层高度为 4.2m，作为设备用房及辅助功能用房；建筑整体 1 层高度为 4.5m。游泳馆设 50m×25m 标准游泳比赛池 1 个，10 条泳道；25m×25m 热身池 1 个，10 条泳道；设看台座位 1600 个。跳水馆设 25m×25m 跳水比赛池 1 个，观众席位 1000 个。看台高度根据座位视线分析，设置以 17m 作为高度控制基线。主体屋面结构选型采用张弦结构，跳水馆最高点为 28.4m，游泳馆最高点为 27.9m。外部幕墙以玻璃幕墙为主，配合金属板材和石材。项目总建筑面积为 21380m²，用地面积为 19255m²，容积率为 1.11，绿化率达到 32%。

2. 结构设计

　　宝鸡市游泳跳水馆主体建筑在标高 4.800m 以下采用混凝土框架结构，地下室为混凝土结构；标高 4.800m 以上采用钢框架体系。场馆区域属于大跨度空间，屋盖选择采用不对称新型张弦结构体系，以满足建筑及使用功能要求。

宝鸡市游泳跳水馆屋盖桁架属于新型张拉成形结构，其上弦及竖腹杆采用圆钢管，斜腹杆采用交叉高强钢拉杆，下弦采用双向双曲高强钢拉索，整个结构形成自平衡体系，以减小支撑结构负担。与传统张弦结构最大的不同是，该结构下弦采用两根高强钢拉索，空间呈双曲形态，并在近跨中处交汇，打破了以往张弦结构下弦采用单根钢拉索，以及空间张弦结构中双向张弦结构下弦钢索采用正交的固定模式。此外，该结构采用交叉斜拉杆，这也是有别以往的大胆创新。

宝鸡市游泳跳水馆由西安建筑科技大学建筑设计研究院负责建筑及施工图的设计。游泳馆的平面尺寸为 61.8m×138.6m，跳水馆的平面尺寸为 59.4m×71.4m。屋盖结构形式是本工程的一大特点，共由 6 榀张弦梁组成，其中游泳馆 4 榀，跳水馆 2 榀。由于建筑外形效果的要求，每榀张弦梁的拱高、拱半径以及起拱的位置都不同，跨度也有所不同，其中游泳馆张弦梁的最小跨度为 53.4m，最大跨度为 56.5m；跳水馆 2 榀张弦梁的跨度均为 59.4m。宝鸡市游泳跳水馆屋盖桁架的轴测图如图 6.3 所示，主桁架剖面图如图 6.4 所示。

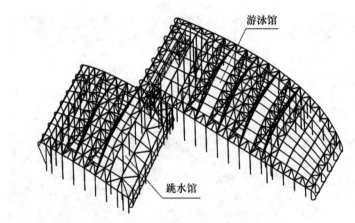

图 6.3　宝鸡市游泳跳水馆屋盖桁架轴测图

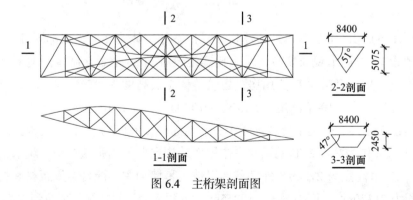

图 6.4　主桁架剖面图

6.1.2　试验背景

空间结构是指具有不宜分解为平面结构体系的三维形体，具有三维受力特性，在荷载作用下呈空间工作特性的结构。空间结构可分为三种基本类型：实体结构类、网格结构类和张力结构类。对于集中以上两种或几种结构的优点组合而成的结构，通常称为混合结构或杂交结构。其中，混合结构类综合不同结构的优点，可满足建筑平面、空间和造型的要求，实现足够的跨度，并具有很好的技术经济指标，近年来得到了蓬勃的发展，在大空间公共建筑如展览馆、体育馆等领域应用广泛。

混合结构特别适用于高层建筑和大跨度建筑。近年来运用最为广泛的混合结构是杂交张力结构，其典型特点是采用拉索或附加轴心杆为刚性子结构提供弹性支撑点，以此形成整体，共同抵抗外力作用，从承载能力、结构刚度和稳定性三方面提高结构表现。杂交张力结构大致可分为四类：斜拉结构、拉索结构、索拱结构和张弦结构。

（1）斜拉结构。主要特点是通过拉索和桅杆为刚性结构（或构件）提供弹性支撑，为结构提供一个向上的拉力。代表工程有秦皇岛奥体中心体育场（图6.5）、英国千年穹顶（图6.6）。

图6.5　秦皇岛奥体中心体育场　　　　　图6.6　英国千年穹顶

（2）拉索结构。主要特点是直接通过拉索减小刚性结构（或构件）支座端的水平推力。

（3）索拱结构。主要特点是通过索与拱之间的拉索使二者共同工作，增大结构刚度和稳定性，抵抗风吸力。代表工程有德国柏林新火车站（图6.7）。

（4）张弦结构。主要特点是用撑杆连接上部刚性子结构（或构件）和下部柔性拉索，通过给索施加一定的预应力，减轻刚性结构（或构件）的负担，整体形成自平衡体系。代表工程有浦东国际机场航站楼（图6.8）。

图6.7　德国柏林新火车站　　　　　图6.8　浦东国际机场航站楼

以上结构中，张弦结构因其独特的优越性成为近年来大跨度钢结构中研究最多、发展最快的结构体系。宝鸡市游泳跳水馆的结构设计正是顺应了张弦结构在国内外大型公共建筑中广泛应用的潮流，并结合自身建筑要求进行了创新。

　　张弦结构是一种新型的空间杂交结构体系，主要组成部分为上部承重结构、中部撑杆以及下部的高强拉索。张弦结构最早由日本大学的 M. Saitoh（斋藤公男）教授在 20 世纪 80 年代提出，定义为"用撑杆连接抗弯压构件和抗拉构件而形成的自平衡体系"，如图 6.9 所示。这种自平衡体系不仅可以承受自重荷载，还可以承受外部附加荷载，通过对下部抗拉构件施加一定的预拉力，可以减小结构在外部荷载作用下产生的挠度，并抵消上部结构传递给支座的水平推力，减小滑动支座的水平位移，降低对支座的要求。张弦结构均通过撑杆连接抗弯压构件（如梁、拱、立体桁架）和抗拉构件（如高强拉索），这种连接方式充分发挥了拱形结构的受力性能以及高强拉索的抗拉性能。所以，张弦结构体系可被认为是用撑杆连接抗弯压构件和抗拉构件，并通过对抗拉构件施加预应力而形成的一种自平衡体系。

梁

拱

桁架

＋

索

＝

张弦梁

图 6.9　张弦结构的基本形式

　　张弦结构具有如下特性。

　　（1）结构组成的合理性。从结构组成的力学模型来看，张弦结构含有三种不同的力学单元：杆单元、梁单元和索单元。其中，索单元是最复杂的单元。索由于明显的几何非线性效应，为张弦结构提供了工作的基础，赋予张弦结构出众的力学表现。从结构各元素的受力特性来看，张弦结构包含了抗弯抗剪体系（网架和桁架）、抗压体系（网壳或拱）和抗拉体系（高强钢索），各结构体系分工明确，传力清晰，刚柔并济，协同互补，是形体合理结构的代表。

　　（2）结构性能的优越性。张弦结构构件的内力形成自平衡体系，除竖向力外，并不对支撑结构造成水平推力，从而减轻了下部支撑的负担。结构中的撑杆可视为刚性子结构的弹性支点，减小了构件的局部跨度。通过对索的张拉来调整上部子结构所受弯矩作用的大小及其分布，从而减小构件的应力，达到提高结构承载力的目的。下部柔性索在施加预应力后，通过撑杆对上部结构有反拱作用，从而平衡屋盖上部恒荷载和活荷载的作用，增加结构刚度，减小竖向荷载作用下的变形。特别是在承受地震作用的时候，由于钢索内的拉力会随着地震作用的变化而变化，能够很好地消耗地震对结构输入的能量。

　　（3）结构造型的适应性。结构设计的任务是为建筑造型意向的实现提供基础，结构形态直接影响着建筑物的外观造型。随着建筑材料技术的发展，大跨度结构对建筑造型的影响变得尤为突出。张弦结构的建筑表现优点主要有：

　　1）外观表现自由度大。张弦结构上部子结构可根据建筑功能和造型要求进行自由的选择；拉索的存在避免了屋盖下部结构过于复杂，使支撑结构设计趋于简洁，为建筑立面设计创造灵活的发展空间。

2）力学表现充满美感。结构传力明确，力学关系清楚。柔性索的存在，体现了张弦结构受力性能的优越性；其建造施工的复杂，也体现了结构内含的科技基因。

3）整体表现力强。张弦结构上部刚性子结构的形式灵活多样，下部承受拉力作用部分简洁明快，轻盈透明，使得建筑屋盖整体视觉上的漂浮自由之感油然而生，易给人留下深刻印象。

（4）经济效益的优越性。张弦结构中采用柔性拉索，使得结构整体在承载力、刚度、稳定性以及与下部结构相互作用等方面的表现得到质的提升。索杆组合所产生的反拱作用代替了传统钢结构施工过程中对梁的预应力施加步骤，简化了构件的制作工序，提高了施工效率。利用对索拉力的控制，可消除部分施工误差，提高安装精度。因此，尽管高强钢拉索的单价远比普通钢材、钢拉杆要高，但在总体造价、整体经济效益等方面具有一般大跨度空间结构体系无法比拟的优势。

张弦结构是近年来应用最为广泛的大跨度空间结构，其形式多样、受力合理、空间跨度大，特别适用于大跨度公共建筑，如大型博物馆、体育场馆、会展中心及机场航站楼等。目前，国内已有较多大型公共建筑采用这种新型空间结构，如表 6.1 所示。

部分张弦结构工程概况　　　　　　　　　　　　　　　　　　　表 6.1

名称	面积 /m²	结构类型	建造时间
上海浦东国际机场航站楼	27.8 万	单向张弦梁 跨度 82.6m	1999
广州国际会议展览中心 展览大厅	1.3 万	张弦桁架 跨度 126.6m	2002
泉州体育馆	4.5 万	张弦桁架支撑壳体 跨度 94m	2006
国家体育馆	8.1 万	双向张弦梁 跨度 114m	2007
奥运会羽毛球馆	2.4 万	张弦穹顶 跨度 93m	2007

空间张弦结构根据单榀张弦梁结构布置形式的不同，可分为以下几种形式：单向张弦梁结构、双向张弦梁结构、多向张弦梁结构、辐射式张弦梁结构和新型张弦梁结构。宝鸡市游泳跳水馆采用新型张弦梁结构，其中一榀主桁架的下弦拉索由 2 根高强拉索组成，每根拉索都是双曲形式，与传统的单根拉索有很大的不同；上弦结构由于建筑外观的需要，采用不对称的结构形式；中部撑杆连接不仅有腹杆，而且在每一节间出现了交叉斜杆。

近十余年来，对张弦结构的研究主要集中在三个方面：① 基本理论研究。由于结构采用了预应力拉索，使得结构具有显著的非线性特点，即应力刚化效应和大应变效应。对张弦结构来说，主要有索单元的模拟、索的非线性特性分析及结构找形分析等问题。常用的索单元有直线索单元、曲线索单元、抛物线索单元、悬链线索单元等。应用最成熟、最广泛的非线性分析方法是有限元法，另外还有线性近似法、最小势能法以及动力松弛法等。② 受力性能研究。目前，国内外对张弦结构的主要研究目的是直接满足工程实践的需要。通过结构的变参数分析，得到了一些关于静力特性、动力特性以及稳定问题的有益结论，可以指导实际工程。③ 施工技术研究。张弦结构内含刚性子结构和柔性索，力学性能机理相对复杂。对索施加预应力的大小将直接影响上部结构的内力大小和分布，以及结构的最终形态。

对张弦结构静力性能的研究已开展了多年，但仍存在一定的局限性和不足。主要体现在三个方面：① 就研究范围而言，对张弦结构的研究大多局限于对单榀张弦梁在平面内的受力性能研究，仅部分涉及双向张弦结构的分析研究。现阶段缺少对张弦结构整体性能的研究报道。② 就参数分析而言，目前的变参数分析主要集中在拉索预应力、高跨比、垂跨比及撑杆数目等几种常规参数的研究上；缺少从结构构成的角度进行更为宏观的参数分析，未能得到对该类体系的共性认知。③ 就试验研究而言，由于受到结构形式及相关试验条件的限制，有关张弦结构的试验研究仅有数例，对理论分析的试验证明力度不足，软件分析的可信度还有待进一步验证。因此，本次试验以宝鸡市游泳跳水馆屋盖张弦结构为原型，建立 1∶5 缩尺模型，研究该类结构体系的受力性能，以期为同类结构的设计和施工提出建议。

6.1.3 试验目的

采用试验的方法研究新型张弦梁结构的变形能力和受力性能，试验在西安建筑科技大学结构与抗震实验室完成。由于宝鸡市游泳跳水馆屋盖由 6 榀新型桁架组成，且建筑效果要求各榀上弦的起拱位置不同，本试验选择受力最大的单品张弦梁为原始模型，按照 1∶5 缩尺之后作为本试验的研究模型，对模型施加预应力和各种工况静力荷载，测试结构的位移和内力，并进行结构极限荷载试验，观察结构的破坏模式，测得结构的极限荷载。本次试验希望达到的主要目的有以下三个方面。

（1）在预应力加载和静力加载的过程中，观察结构的整体变形和结构构件的应力状况，对结构整体刚度的分布和结构的受力性能有深入的了解，完成本试验的基本要求。

（2）在破坏荷载阶段，观察结构的破坏模式，测得结构的破坏荷载，了解该新型张弦梁结构的安全储备。

（3）分析试验数据，为实际工程的施工提供参考性的意见，为以后同类张弦梁的研究提供数据支持。将试验数据与有限元分析数据进行对比，验证有限元分析方法的适用性。

6.2 试验模型

实际结构由于建筑外观要求，所有单榀屋架桁架均不相同，且每一榀桁架的每一侧面亦不相同。结构的整体计算模型和单榀整体计算模型（包含下部结构）分别如图 6.10 和图 6.11 所示。

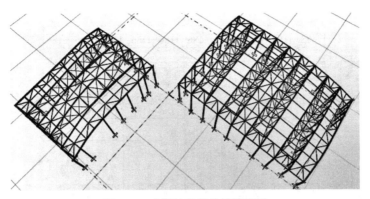

图 6.10　实际结构整体计算模型

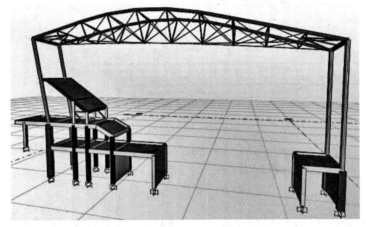

图 6.11　实际结构单榀整体计算模型

为使试验模型能够真实地反映该空间张弦结构的特性，又考虑到实际研究的可行性，经比较，试验方案选择原整体模型内力最大的单榀桁架中受力较大的一侧，进行对称设计后，按 1∶5 缩尺设计加工成试验模型，进行加载试验。试件形式如图 6.12 所示，试件跨度为 11.88m，矢高 0.84m，桁架宽度为 1.68m。试件侧立面如图 6.13 所示，平面如图 6.14 所示。

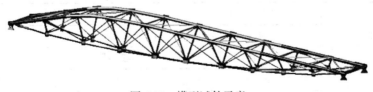

图 6.12　模型试件示意

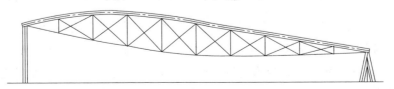

图 6.13　试件立面示意图

121

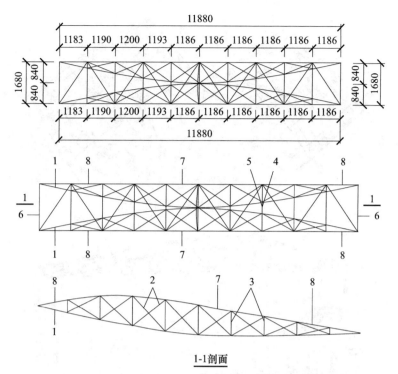

1—下弦拉索；2—斜杆；3—腹杆；4—下弦支撑；5—上弦支撑；
6—端部支撑；7—上弦中部杆；8—上弦端部杆

图 6.14　试件平面示意图

模型试件的上弦杆、上弦横向支撑、竖向撑杆及下弦横向支撑均为圆钢管，钢材牌号为 Q235B；节点板钢材牌号也为 Q235B。斜拉杆强度等级为 345B 级，下弦钢索采用新型高强钢索，钢丝强度为 1670MPa，最小破断拉力为 603kN。下弦索夹具为钢索的相应配件，由厂商提供。模型构件尺寸原则上满足几何相似要求，通过等比例缩小并参考市场供货后选择确定。对上弦杆考虑两端局部加强，选取较厚截面圆管制作。具体信息如表 6.2所示。

试验模型构件详细尺寸　　　　　　　　　　　　　　　　　表 6.2

结构部位	模型尺寸 /mm	结构部位	模型尺寸 /mm
下弦拉索	$\phi26$	上弦支撑	$\phi38\times3$
斜杆	$\phi16$	端部支撑	$\phi102\times5.5$
腹	$\phi38\times3$	上弦中部杆	$\phi102\times5.5$
下弦支撑	$\phi38\times3$	上弦端部杆	$\phi102\times8.0$

实际工程中，张弦梁结构的上弦采用连梁和檩条连接，以防止结构发生侧向变形。为了在试验中模拟连梁和檩条这种侧向支撑的作用，在上弦节点之间布置 W 形撑杆，W 形撑杆的尺寸与腹杆尺寸相同。结构高端支座采用固定铰支座，低端支座采用滑动铰支座（沿结构跨度方向滑动），二者均限制结构的侧向位移。

6.3　试验方案

6.3.1　加载方案

1. 预应力加载

本试验新型张弦梁结构下弦为空间双曲预应力双支拉索，预应力施加于下弦双支拉索的两端，共 4 个加载点。经过计算，初始态预应力的数值较小，所以采用活动扳手对拉索施加预应力。预应力加载装置如图 6.15 所示。

图 6.15　预应力加载装置

加载方案为 4 点同步加载，预应力数值以控制点的起拱位移为主，以索力控制为辅。将预应力分阶段施加到下弦双支拉索上，当控制点的起拱位移值将要达到目标位移时，减小每一阶段预应力数值的大小，逐渐施加预应力，张拉完成，达到结构的初始态。

2. 静力加载

本试验最终要进行破坏荷载试验，考虑到加载到极限荷载时的安全因素，也为了更好地控制荷载施加的过程，本试验没有采用以往的堆载加载，而是采用两套分配梁加载系统，在结构的高侧和低侧分别制作、安装分配梁。本试验采用节点荷载模拟结构的均布荷载，高侧的分配梁布置在上弦东西两侧 1、2、3、4、5 号节点上，低侧的分配梁布置在上弦东西两侧 6、7、8、9 号节点上。分配梁的尺寸要满足自身承载力的要求，并应使各个节点所承受的荷载基本保持一致。为了避免在加载的过程中由于结构形态的变化而导致施加荷载在竖直方向上的变化，梁与梁之间一端采用定心滚轴连接，另一端采用销轴连接。最后在分配梁的顶端安装加载千斤顶。静力加载装置如图 6.16 所示。

本试验静力加载按照《建筑结构荷载规范》GB 50009—2012 进行荷载组合，共有 5 个荷载工况和 1 个极限荷载工况，各个工况的荷载值如下。

（a）高侧加载装置　　　　　　　（b）低侧加载装置

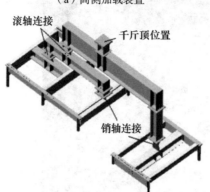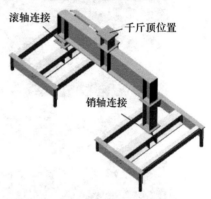

（c）高侧加载装置设计图　　　　　（d）低侧加载装置设计图

图 6.16　静力加载装置

荷载工况一：1.0× 恒荷载标准值＝ 2.0kN

荷载工况二：1.0× 恒荷载标准值＋ 1.0× 活荷载标准值＝ 3.0kN

荷载工况三：1.2× 恒荷载标准值＋ 1.4× 活荷载标准值（低侧半跨）＝高侧 2.6kN ＋ 低侧 4.0kN

荷载工况四：1.2× 恒荷载标准值＋ 1.4× 活荷载标准值＝ 4.0kN

荷载工况五：1.5×（1.2× 恒荷载标准值＋ 1.4× 活荷载标准值）＝ 6kN

荷载工况六：加载至破坏（达到极限荷载）

加载方案为：① 进行工况一的加载，高侧和低侧千斤顶同时加载，逐渐加载至 2kN，持荷 15min，变形稳定之后可视为达到工况一。② 在工况一的基础上继续加载，两个千斤顶同时逐步加载至 3kN，持荷 15min，变形稳定之后可视为达到工况二。③ 在进行工况三的加载之前，先将两个千斤顶的荷载卸载为零，再同时逐渐加载到 2.6kN，保持高侧千斤顶和荷载读数不变，将低侧千斤顶荷载加载到 4.0kN，实现半跨荷载，持荷 15min，待变形稳定之后视为达到工况三。④ 在工况三的基础上，保持低侧千斤顶读数不变，再将高侧的千斤顶逐渐施加到 4.0kN，持荷 15min，变形稳定之后视为达到工况四。⑤ 将高侧和低侧两个千斤顶同时逐渐加载到 6.0kN，持荷 15min，变形稳定之后视为达到工况五。⑥ 最后进行结构的破坏荷载试验，高低两侧千斤顶同时逐渐加载，每 1kN 为一级荷载，每级荷载持荷 15min，加载直至结构出现破坏（当千斤顶无法继续加载时认为结构达到破坏）。在上述每个工况的加载和持荷过程中，每隔 1min 记录试验数据及试验现象。根据加载方案制作的加载制度见表 6.3。

试验加载制度　　　　　　　　　　表 6.3

工况编号	附加节点荷载 /kN	高侧加载控制		低侧加载控制		持荷时间（min）	同步性
		节点数值 /kN	千斤顶数值 /kN	节点数值 /kN	千斤顶数值 /kN		
一	2.00	1.00	10.00	1.00	8.00	15	是
		2.00	20.00	2.00	16.00	15	
工况一和工况二之间，不卸载							
二	3.00	2.50	25.00	2.50	20.00	15	是
		3.00	30.00	3.00	24.00	15	
在工况三之前，先将荷载卸载为零							
三	高侧 2.60 ＋低侧 4.00	1.30	13.00	1.30	10.40	15	是
		1.95	19.50	1.95	15.60	15	
		2.60	26.00	2.60	20.80	15	
		—	—	3.30	26.40	15	否
		—	—	4.00	32.00	15	
保持低侧数值不变，在高侧加载							
四	4.00	3.30	26.40	4.00	32.00	15	否
		4.00	32.00	4.00	32.00	15	
在工况四的基础上，同时逐渐加载							
五	6.00	4.50	45.00	4.50	36.00	15	是
		5.00	50.00	5.00	40.00	15	
		5.50	55.00	5.50	44.00	15	
		6.00	60.00	6.00	48.00	15	
在工况五的基础上，同时逐渐加载							
六	每 1kN 为一级荷载，直至结构出现破坏						

注：附加节点荷载不包括分配梁自重。

6.3.2　测量方案

本试验新型张弦梁结构模型为单轴对称结构，测点主要集中布置在结构单侧，为了校核结构单侧的测点数据，在模型的另一侧选择相对应的位置，布置应变片和位移计。

1. 应变测点

布置应变测点是为了测量在预应力加载和静力加载过程中，结构上弦杆、腹杆和斜杆的应力变化过程，了解结构的受力性能。根据结构的不同位置，在上弦杆布置应变片 70

个，腹杆 24 个，斜杆 40 个，上弦 7 号横杆 2 个，应变花 3 个，试件应变测点布置如图 6.17 所示。

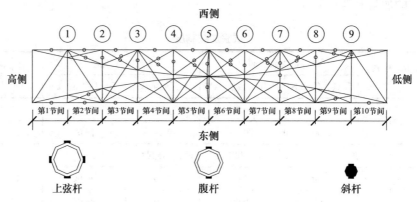

图 6.17　试件应变测点布置

2. 索力测量

为了测量在预应力加载和静力加载过程中下弦索力的变化过程，在施加下弦预应力的位置放置了 2 个压力传感器，以测量端部索力的变化；各索段索力采用弓式测力仪、振弦式传感器和微应变传感器测量。索力测量装置如图 6.18 所示。

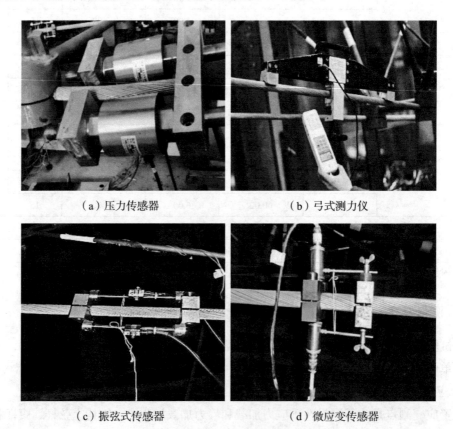

（a）压力传感器　　　　　　　　　（b）弓式测力仪

（c）振弦式传感器　　　　　　　　（d）微应变传感器

图 6.18　索力测量装置

3. 位移测量

位移测量包括竖向位移、侧向位移和水平位移（沿跨度方向）测量，分别测量在预应力加载和静力加载过程中结构的位移变化。竖向位移计共12个，分别布置在西侧上弦9个节点和东侧对应的2、5、8号节点；侧向位移计共5个，布置在西侧上弦2、5、8号节点，东侧低端支座以及东侧上弦5号节点；水平位移计共12个，布置在西侧上弦9个节点、东、西低侧两个支座和东侧8号节点。以下针对位移的描述会给出结构位移变化的方向，位移的数值采用绝对值。

6.4　试验结果及分析

本试验模型由于上弦杆和腹杆存在角度上的关系，即模型单侧的每根腹杆与上弦杆弯曲平面的夹角都不同，使模型空间关系变得复杂。试件制作过程中存在一定的误差，但基本满足试验的要求，试验模型组装完成后如图6.19所示。

图6.19　试验模型组装完成

结构预应力的施加和静力荷载中设计荷载的施加是本试验的重点，对实际工程具有指导性的意义，但是在预应力施加过程和静力加载过程中，只能观察到试件的起拱和下降，没有其他明显的试验现象。因此，针对以上两个加载过程的试验现象，采用试验数据进行描述。

6.4.1　预应力加载阶段

在试件组装完成后，进入预应力的施加阶段，按照预应力的加载方案进行预应力的施加，在下弦双支拉索的两端逐渐施加预应力，随着两端名义预应力（两只拉索高、低侧预应力平均值）的不断增加，结构不断向上起拱。

在预应力的加载过程中，取不同名义预应力（以下皆指低侧名义预应力）下东西两侧 2、5、8 号节点的竖向起拱位移，并进行对比分析，对比结果见表 6.4。可以发现，在不同的名义预应力下，东西两侧的位移相差不大，即东西两侧的刚度相差不大，结构的对称性较好，满足试验的要求。因此，以下针对结构的分析数据主要采用西侧的试验数据。

不同名义预应力下 2、5、8 号节点竖向起拱位移   表 6.4

名义预应力 /kN	竖向起拱位移 /mm					
	X2	D2	X5	D5	X8	D8
3.78	0.78	0.43	0.86	0.28	0.01	0.05
8.97	3.36	3.32	3.19	2.31	0.11	0.17
12.63	12.87	12.36	11.33	9.6	1.3	0.89
15.95	28.4	30.06	33.42	30.92	10.1	9.12

注："X" 代表西侧；"D" 代表东侧；"2、5、8" 代表上弦节点编号。

在预应力加载阶段的初期，结构起拱位移很小。当名义预应力加载至 3.78kN 时，控制节点 3、4、5 号竖向起拱位移分别为 1.43mm、1.38mm、0.86mm，认为此时结构开始起拱。继续施加预应力，当名义预应力为 8.97kN 时，控制节点 3、4、5 号竖向起拱位移分别为 4.50mm、4.25mm、3.19mm，还未达到初始态。继续施加预应力，当名义预应力加载至 15.95kN 时，控制节点 3、4、5 号竖向起拱位移分别为 36.97mm、38.69mm、33.42mm，认为此时已经达到初始态，预应力加载完成。

取西侧上弦各个节点在名义预应力荷载为 8.97kN、12.63kN 和 15.95kN 下的起拱位移，并进行对比分析，观察结构在不同名义预应力下结构的整体变形情况，对比结果如图 6.20 所示。可以看出，预应力使结构成型，并使结构达到试验所要求的初状态；结构在不同的名义预应力下，上弦 3、4 号节点的起拱位移一直领先其他节点。

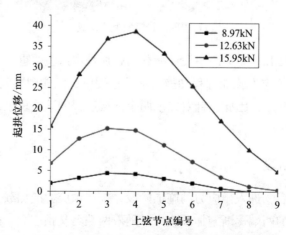

图 6.20   不同名义预应力下结构的起拱位移

针对上弦 3、4 号节点起拱位移较大的现象，分析原因有以下两点：① 3、4 号节点所在的上弦节间杆件为上弦中部杆，与上弦端部杆相比，其截面抗弯刚度 EI 较小。② 3、4 号节点所处的位置正好是上弦结构起拱处，上弦在此节间内采用圆弧过渡，与其他直线段节间相比有一定的拱效应。

在预应力的加载过程中，西侧上弦各节点竖向起拱位移与名义预应力的关系如图 6.21 所示。可以看出，在预应力加载阶段，上弦节点的起拱位移可以分为两个阶段：当名义预应力为 0~9kN 时，节点的起拱位移值较小，其与名义预应力的关系近似为线性关系；当名义预应力为 9~15.95kN 时，随着名义预应力的增加，节点的起拱位移迅速增大，节点起拱的位移值所占比例比上一阶段大得多，其与名义预应力的关系也可以近似为线性关系。

预应力加载完成后，由位移计测得的结果可以得出，结构的水平位移主要集中在结构的低端支座，方向均为向结构的跨中位置靠近，东西两侧的水平位移数值分别为 8.65mm 和 8.94mm，分别为结构跨度的 1/1373 和 1/1329。结构的侧向位移主要表现为整体结构向东偏移，侧向位移最大的位置是西侧上弦 2 号节点，位移值为 5.63mm，为结构宽度的 1/298，可见侧向位移幅度相对较大。

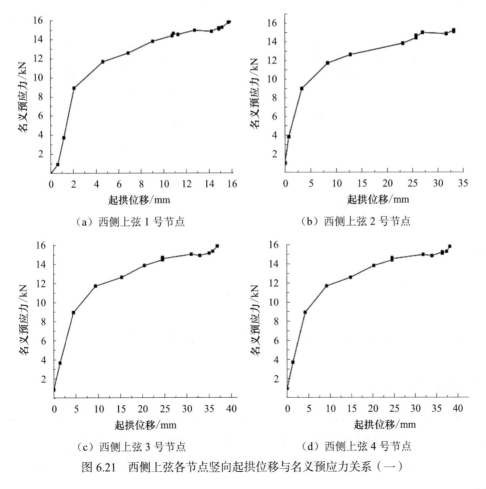

（a）西侧上弦 1 号节点　　　　　　（b）西侧上弦 2 号节点

（c）西侧上弦 3 号节点　　　　　　（d）西侧上弦 4 号节点

图 6.21　西侧上弦各节点竖向起拱位移与名义预应力关系（一）

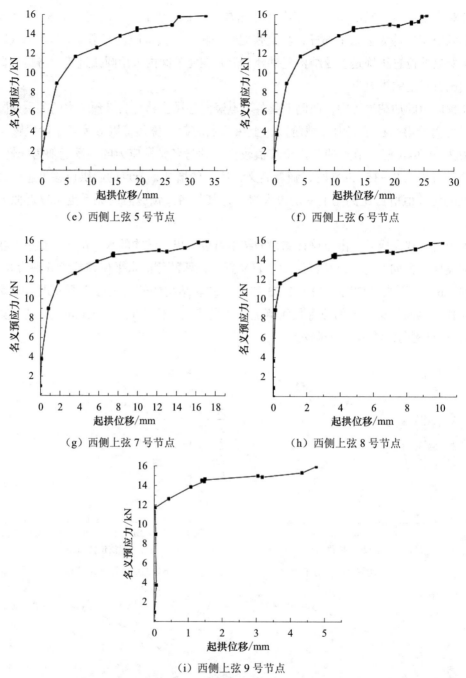

（e）西侧上弦 5 号节点　　　　　　　（f）西侧上弦 6 号节点

（g）西侧上弦 7 号节点　　　　　　　（h）西侧上弦 8 号节点

（i）西侧上弦 9 号节点

图 6.21　西侧上弦各节点竖向起拱位移与名义预应力关系（二）

6.4.2　静力加载阶段

预应力加载完成后，起拱达到要求的初始态，在此基础上进行静力荷载试验及破坏荷载试验。在多种工况的静力加载过程中，所施加的荷载数值由外接设备读取，由于试验过程中的不确定因素（如仪器的精度、操作人员的熟练程度等），造成各工况所施加的附加节点荷载不能达到试验所要求的精确值。各工况实际施加的附加节点荷载见表 6.5。

实际附加节点荷载 表 6.5

荷载	工况一		工况二		工况三		工况四		工况五	
	高侧	低侧	高侧	低侧	高侧	低侧	高侧	低侧	高侧	低侧
千斤顶 /kN	21.99	16.63	31.69	23.66	24.90	32.99	40.76	32.97	59.92	49.36
附加节点荷载 /kN	2.199	2.078	3.169	2.958	2.490	4.121	4.076	4.121	5.992	6.170

静力加载过程中，高低两侧附加节点荷载数值对比如图 6.22 所示。可以看出，其附加节点荷载数值基本相同，满足试验要求。下文中的附加节点荷载都指低侧附加节点荷载。

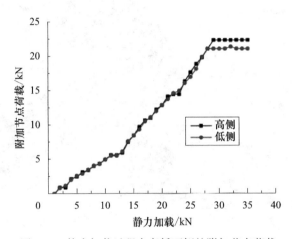

图 6.22　静力加载过程中高低两侧的附加节点荷载

1. 应力分析

在静力加载过程中，随着附加节点荷载值的不断增加，由应变片所测得的应变值也在逐渐增大。将所测得的不同类型杆件的应变与对应材料的弹性模量相乘，即得到各杆件在各工况下的应力。在工况一荷载作用下，上弦杆最大压应变为 −203（相应的压应力为 −42.22MPa），斜杆最大拉应变为 226（相应的拉应力为 47.2MPa），腹杆最大压应变为 −346（相应的压应力为 −73.01MPa）。在工况二荷载作用下，上弦杆最大压应变为 −284（相应的压应力为 −59.07MPa），斜杆最大拉应变为 318（相应的拉应力为 66.14MPa），腹杆最大压应变为 −453（相应的压应力为 −96.42MPa）。在工况四设计荷载作用下，上弦杆最大压应变为 −313（压应力为 −65.10MPa），斜杆最大拉应变为 376（拉应力为 78.58MPa），腹杆最大压应变为 −457（压应力为 −96.43MPa）。当荷载加至工况五 1.5 倍设计荷载时，上弦杆最大压应变为 −488（压应力为 −101.50MPa），斜杆最大拉应变为 565（拉应力为 118.09MPa），腹杆最大压应变为 −677（压应力为 −142.85MPa）。当荷载达到工况五 1.5 倍设计荷载时，结构各类杆件的最大应力均未达到相应材料的屈服强度。

在加载过程中，上弦杆最大应力的位置为第 10 节间东侧上弦杆中部截面上表面，斜杆最大应力位置为第 10 节间西侧受拉斜杆，腹杆最大应力位置为西侧 9 号腹杆。观察各类杆件的应变数值发现，上弦杆的应力在第 6 节间处与第 10 节间接近，斜杆的应力在第 4 节间西侧与第 10 节间接近，腹杆的应力在东侧 5 号腹杆与西侧 9 号腹杆接近。所以，在结构中部和低侧，结构的受力较大，属于薄弱位置。加载过程中观察到东侧 9 号腹杆的下端焊缝处出现裂纹，如图 6.23 所示，说明在此位置应力也很大，由于试验中在此位置没有贴应变片，所以无法给出具体的应力数值。

图 6.23　东侧 9 号腹杆下端焊缝出现裂纹

各类杆件最大应力与附加节点荷载关系如图 6.24 所示。可以看出，在附加节点荷载作用下，结构各类杆件的应力也在逐渐增加，各杆件应力与附加节点荷载的关系可以近似地认为是线性关系。

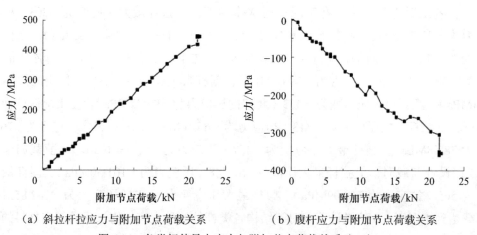

（a）斜拉杆拉应力与附加节点荷载关系　　　（b）腹杆应力与附加节点荷载关系

图 6.24　各类杆件最大应力与附加节点荷载关系（一）

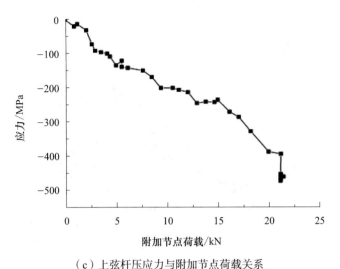

（c）上弦杆压应力与附加节点荷载关系

图 6.24　各类杆件最大应力与附加节点荷载关系（二）

2. 索力分析

将各种索力测量仪器所测得的数据进行对比可知，由压力传感器测得的端部索力最大，越靠近跨中位置索段张力越小；在索段与索段连接位置，竖向由腹杆连接，索力的竖向分量会被抵消一部分，即越靠近跨中位置的索段，索力会越小。以下主要针对端部索力进行分析。

随着附加节点荷载的不断增加，东西两侧拉索两端的附加索力也在不断增加。在工况一荷载作用下，西侧低端的附加索力为 20.40kN，西侧高端的附加索力为 10.29kN，东侧低端的附加索力为 11.37kN，东侧高端的附加索力为 8.45kN。在工况二荷载作用下，西侧低端的附加索力为 37.62kN，西侧高端的附加索力为 23.15kN，东侧低端的附加索力为 23.26kN，东侧高端的附加索力为 15.98kN。在工况四设计荷载作用下，西侧低端的附加索力为 40.06kN，西侧高端的附加索力为 32.06kN，东侧低端的附加索力为 29.01kN，东侧高端的附加索力为 21.55kN。在工况五 1.5 倍设计荷载作用下，西侧低端的附加索力为 66.58kN，西侧高端的附加索力为 32.51kN，东侧低端的附加索力为 48.47kN，东侧高端的附加索力为 39.53kN。在工况五荷载作用下，最大的索力为 82.53kN，远小于索的破断拉力。

双支拉索的索端张力与附加节点荷载的关系如图 6.25 所示。可以看出，随着附加节点荷载值的不断增加，双支拉索两端的索张力也在逐渐增加，二者的关系可以近似地认为是线性的。此外，可以发现，在整个加载过程中，低端的索力比高端的索力要大，产生这个现象的原因主要是：① 上弦与水平方向的夹角在高端比低端大，所以在低端上弦传的水平分力要大；② 下弦与水平方向的夹角在高端比低端大，为了平衡上弦传来的水平分力，低端下弦就需要比高端下弦更大的张力。所以在加载的过程中，低端下弦索端张力比高端下弦索端张力大。

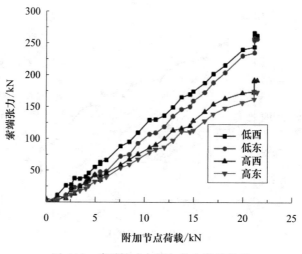

图 6.25 索端张力与附加节点荷载关系

3. 位移分析

在上述五种工况荷载作用下，统计西侧上弦各节点的竖向位移如表 6.6 所示。可以看出，上弦 5 号节点的竖向位移在五种工况下都为最大，其中，在工况五 1.5 倍设计荷载作用下，其竖向位移为 28.66mm，为结构跨度的 1/414，小于《钢结构设计标准》GB 50017—2017 规定的最大挠度容许值 $L/250$，表明该结构具有良好的刚度及稳定性。

西侧上弦各节点在各工况下的竖向位移 表 6.6

节点编号	竖向位移/mm				
	工况一	工况二	工况三	工况四	工况五
1	3.73	5.34	11.01	11.63	16.47
2	6.09	8.62	8.25	10.76	16.62
3	8.07	11.63	8.33	11.66	19.69
4	9.67	13.97	12.03	15.88	25.75
5	10.96	15.77	13.83	17.77	28.66
6	10.86	15.64	11.38	15.26	26.17
7	10.36	14.70	13.75	17.37	27.40
8	8.49	12.10	11.95	14.39	22.70
9	5.90	8.22	8.21	9.88	13.66

静力加载过程中，上弦东西两侧 2、5、8 号节点的位移对比如图 6.26 所示。可以看出，在附加节点荷载作用下，东西两侧的竖向位移基本相同，结构的对称性较好，并且随着附加节点荷载的不断增加，竖向位移值也在逐渐地增大，两者的关系近似为线性关系。

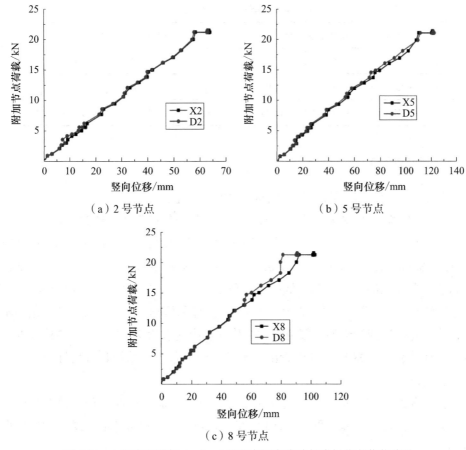

（a）2 号节点　　　　　　　　（b）5 号节点

（c）8 号节点

图 6.26　上弦东西两侧 2、5、8 号节点竖向位移与附加节点荷载关系

结构的水平位移主要集中在结构低侧滑动支座处，方向为向跨外移动，在工况五 1.5 倍设计荷载作用下达到最大，东西两侧水平位移分别为 4.61mm 和 4.41mm。结构的侧向位移主要表现为整体向东偏移，最大偏移量为 6.38mm。结构的最大水平位移为结构跨度的 1/2577，最大侧向位移为结构宽度的 1/263，可见结构的水平位移幅度较小，而侧向位移幅度较大。

在预应力加载和静力加载的过程中，结构侧向变形都是整体向东偏移，出现这个现象的原因有：① 试件加工过程中存在初始缺陷，或组装过程中出现了偏差。② 预应力加载过程中，西侧下弦索力比东侧下弦索力稍大；静力加载过程中，西侧下弦索力也一直高于东侧下弦索力。

4. 工况三与工况四的对比分析

在工况三半跨荷载和工况四全跨荷载作用下，对结构的响应进行对比分析，包括西侧上弦 2、5、8 号节点的竖向位移、上弦杆、斜杆和腹杆的最大应力，以及下弦索的附加索力，对比结果见表 6.7。

由表 6.7 可以发现，在工况四荷载作用下，结构的响应较大，说明在全跨荷载作用下结构更为不利，这也从另一方面表明该结构的整体受力性能较好。

工况三和工况四作用下结构响应对比　　　　　　　　　　表 6.7

工况编号	上弦节点竖向位移 /mm			杆件最大附加应力 /MPa			附加索力 /kN
	X2	X5	X8	上弦杆	腹杆	斜杆	
工况三	8.25	13.83	11.95	63.23	63.72	72.45	37.63
工况四	10.76	17.77	14.39	65.10	96.43	78.58	40.06

6.4.3　极限加载阶段

随着附加节点荷载的不断增加，结构整体向下的位移随之加大，其中上弦靠近跨中 5 号节点和结构低侧的 7、8 号节点的位移较大。当附加节点荷载达到 21.13kN 时，节点的竖向位移有较大增加，上弦 5、7、8 号节点的挠度分别由 113.12mm、120.8mm、90.45mm 增加到 127.18mm、134.47mm、102.69mm，增量分别为 14.06mm、13.67mm、12.24mm，而此时高侧千斤顶无法继续加载，低侧千斤顶出现卸载现象。当千斤顶继续向下推进时，跨中 5 号腹杆被压弯，随之斜杆被压弯，跨中上弦杆和低侧上弦杆出现下凹，结构不能继续承载，认为此时达到结构的极限荷载，结构的极限荷载为 21.13kN，是结构标准荷载的 7.04 倍，设计荷载的 5.28 倍。可以看出，本试验新型张弦梁结构具有良好的受力性能和较高的安全储备。

达到极限荷载时，结构的破坏为跨中 5 号腹杆的平面外屈曲，跨中处上弦杆的局部弯曲，部分斜杆的弯曲，靠近低侧支座第 10 节间处上弦杆局部弯曲。结构的破坏形态如图 6.27 所示。

本章对宝鸡市游泳跳水馆所采用的新型张弦梁结构的 1∶5 缩尺模型进行了试验研究，分析了结构在预应力加载阶段、静力加载阶段和极限荷载阶段的整体变形和结构的受力性能，得到的主要结论如下：

（a）5 号腹杆平面外屈曲　　　　　　　　（b）跨中上弦杆局部弯曲

图 6.27　结构的破坏形态（一）

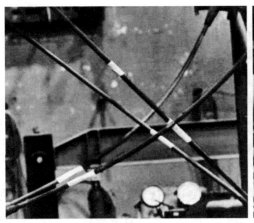

（c）斜杆弯曲　　　　　　　　（d）低侧上弦杆局部弯曲

图 6.27　结构的破坏形态（二）

（1）在预应力加载过程中，应该以起拱位置处的上弦 3、4、5 号节点为控制节点，预应力的大小以控制节点的起拱位移为主，索力控制为辅。随着预应力的不断增加，结构的起拱可以近似为两个阶段：在预应力达到某一数值之前，结构的起拱位移对预应力的增加不敏感；当预应力超过这个数值后，起拱位移随着预应力的增加而迅速增大，这个数值约为结构的自重。

（2）在试件加工时，应尽量避免使构件产生过大的初始缺陷。预应力加载过程中，尽量保持两只拉索的拉力相等，避免结构产生过大的侧向变形。

（3）在静力加载过程中，上弦跨中 5 号节点的竖向挠度最大，在 1.5 倍荷载作用下，5 号节点的挠度为跨度的 1/414，满足设计规范的要求，并且结构在半跨荷载作用下表现出良好的整体受力性能。

（4）在预应力加载阶段，结构表现出非线性受力性能，所以预应力张拉过程的数值模拟可以采用非线性分析模型。在静力加载阶段，结构的节点挠度、各类杆件的应力以及下弦索力都表现出线性特征。

（5）在考虑预应力加载情况下的静力加载阶段，结构各类杆件的最大应力都没有达到相应材料的屈服强度。结构的极限荷载为设计荷载的 5.28 倍，说明该新型张弦梁结构具有良好的受力性能和较高的安全储备。

6.5　有限元分析

6.5.1　有限元计算模型

1. 有限元分析的基本假定

在 ANSYS 有限元软件中引入预应力的方法主要有三种：力模拟法、初应变法和等效温度法。

（1）力模拟法。即通过在下弦拉索的两端施加一对大小相等、方向相反的力，模拟实际工程中千斤顶对下弦拉索施加的预应力。在施加完重力荷载之后，进行预应力的施加，在预应力张拉过程中，该方法能够获得较好的索力－位移曲线。

（2）初应变法。即对下弦拉索其中的一段或整个索段施加初始应变，实现过程是在段单元的初始条件中加初始应变。由于不确定该应变所产生的最终索力的大小，所以只能通过调整初应变的数值，使最终索力达到所期望值。该方法的缺点是只能用于一次预应力的施加，不能模拟实际工程中预应力分阶段的施加方法，同时也不能得到理想的索力－位移曲线。

（3）等效温度法。即根据物体热胀冷缩的特性，在下弦拉索的两端施加负温度，使下弦拉索收缩并由此受拉，结构上弦受到压弯的作用。该方法是在加载过程中施加一个初始温度，经过试算后提取下弦索力，并根据此时的索力来调整所施加的温度，直到索力达到期望值。由于等效温度法施加预应力的方式是施加等效温度，模拟实际工程中多次预应力的张拉，在张拉之后可以进行结构荷载态的分析，还可以得到比较理想的索力－位移曲线，所以在 ANSYS 中经常采用此方法来实现预应力。本书模拟下弦索张拉采用等效温度法。

根据本章新型张弦梁结构的受力性能试验结果，同时，为了简化模型，便于计算，本章对其有限元分析作以下基本假定。

（1）钢材的应力－应变关系采用双折线模型，各材料的弹性模量和抗拉强度与相对应材料的材性试验值相同。

（2）交叉斜杆、腹杆、上弦横杆与上弦杆所传力方向的交点通过上弦圆管的中心。

（3）交叉斜杆、腹杆、下弦横杆与下弦拉索所传力方向的交点通过索夹中心。

（4）拉索为完全柔性，不能承受弯矩和压力。

（5）不计拉索夹具与下弦拉索之间的相对滑移。

（6）下弦拉索各个索段之间为直线。

2. 几何模型

本章分析主要针对新型张弦梁结构的整体受力性能，建模时采用线模型，不仅方便建模，还可以准确分析。线模型建造过程为：获取试验模型在 CAD 软件中的节点坐标，并在有限元分析软件 ANSYS 中将其定义为关键点的坐标，对应试验模型，用相应的直线和弧线连接关键点，建立有限元分析的几何模型。如图 6.28 所示。

3. 有限元分析模型

该新型张弦梁结构可以看成由三部分组成：上弦空间刚性梁、下弦柔性拉索以及上下弦之间的刚性支撑。结合第 5 章新型张弦梁的受力性能分析结果，在 ANSYS 有限元软件中，上弦空间刚性梁采用 BEAM188 单元模拟，上弦支撑和下弦支撑也采用 BEAM188 单元模拟；下弦柔性拉索采用单向受力的 LINK10 单元模拟，并根据索的受力将其定义为只能承受拉力的单元；腹杆在靠近上弦节点的一小段采用 BEAM44 单元，并释放其在跨度方向的弯矩自由度，以此模拟腹杆与上弦杆的铰接连接，腹杆的其他段采用 BEAM44 模拟，但不释放端部自由度；交叉斜杆与上弦的连接和下弦索夹的连接均为螺栓连接，采用 LINK8 单元模拟；临时支撑采用 LINK10 单元模拟，并结合生死单元模拟临时支撑的作用；针对试验中低侧滑动支座的滑动摩擦力对整个结构整体变形能力的影响，采用 COMBIN39 弹簧单元模拟，弹簧刚度经多次调整确定。以上单元所对应的材料属性由材性试验获得。划分单元之后的模型如图 6.29 所示，下弦 9 号节点实体模型的局部放大如图 6.30 所示。

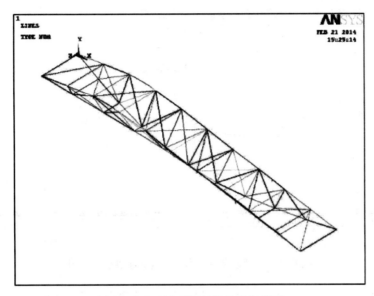

图 6.28　新型张弦梁结构的几何模型

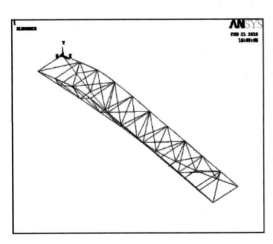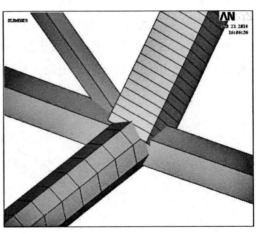

图 6.29　有限元模型　　　　　图 6.30　下弦 9 号节点实体模型局部放大

　　约束的施加与第 5 章试验模型所施加的约束相同，结构高侧支座采用 x、y、z 三个方向的位移约束，低侧支座采用 y、z 两个方向的位移约束，且都不约束转动自由度，其中 x 方向是结构的跨度方向，y 方向是结构的高度方向，z 方向是结构的侧向。临时支撑的下端施加 x、y、z 方向的位移约束，不施加转动约束。

6.5.2 有限元模拟结果分析

1. 预应力加载阶段

本书采用等效温度法施加预应力，即在下弦双支拉索的两端施加温度荷载，预应力大小的控制以上弦 3、4、5 号控制节点的起拱位移为主，索力大小为次要控制条件。结构在不同名义预应力下的起拱位移云图如图 6.31 所示。

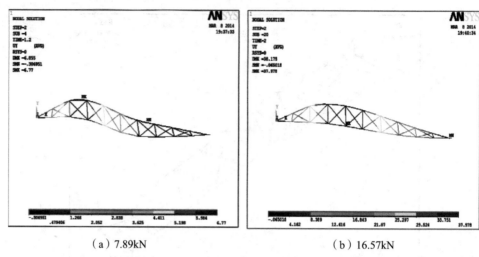

（a）7.89kN　　　　　　　　　　　（b）16.57kN

图 6.31　不同名义预应力下结构的起拱位移云图

当名义预应力为7.98kN时，3、4、5号控制节点的起拱位移分别为6.64mm、4.84mm、2.06mm；当3、4、5号控制节点的起拱位移分别为35.20mm，37.91mm，34.71mm时，结构达到初状态，此时名义预应力为16.57kN。与试验名义预应力相比，提高3.89%，误差较小。3、4、5号控制节点与名义预应力的关系如图6.32所示。可以看出，结构的起拱位移也分为两个阶段，对于这个现象，有限元模拟与试验结果相同。

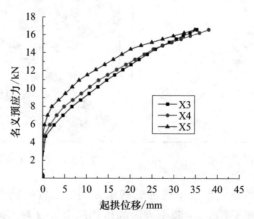

图 6.32　上弦 3、4、5 号节点起拱位移与名义预应力关系

结构沿跨度方向的位移在低侧东西两个支座达到最大，分别为 10.155mm、10.166mm，

方向为向跨中靠近，与试验值相比分别增加了 17.4%、13.7%。结构侧向变形最大为 0.2mm，几乎没有侧向变形。

2. 静力加载阶段

在预应力张拉完成后，结构达到预期的初始态。在施加静力荷载之前，选择临时支撑单元，并将其"杀死"，在此基础上施加各种工况的静力荷载，前五种工况下结构的竖向位移和局部 Mises 应力云图如图 6.33 所示。

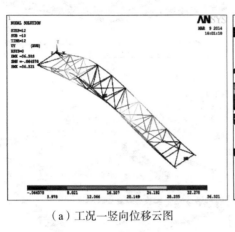
（a）工况一竖向位移云图

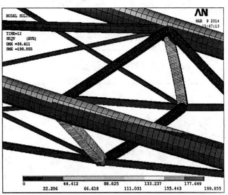
（b）工况一局部 Mises 应力云图

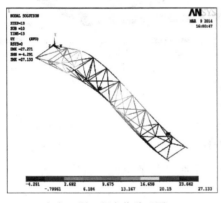
（c）工况二竖向位移云图

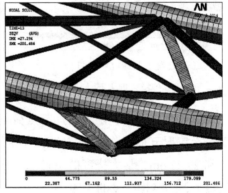
（d）工况二局部 Mises 应力云图

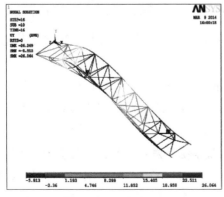
（e）工况三竖向位移云图

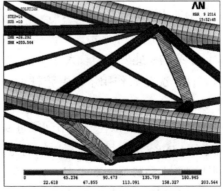
（f）工况三局部 Mises 应力云图

图 6.33　前五种工况下结构竖向位移和局部 Mises 应力云图（一）

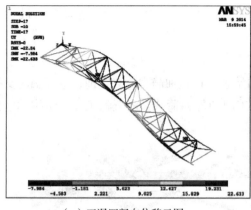
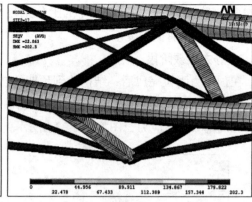

（g）工况四竖向位移云图　　　　　　　（h）工况四局部 Mises 应力云图

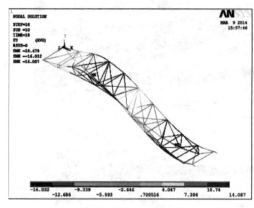
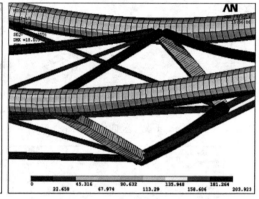

（i）工况五竖向位移云图　　　　　　　（j）工况五局部 Mises 应力云图

图 6.33　前五种工况下结构竖向位移和局部 Mises 应力云图（二）

从图 6.33 中可以看出，随着附加节点荷载的不断增加，结构的挠度也在逐渐加大，结构在工况一至工况五荷载作用下，上弦的最大挠度分别为 8.48mm、13.72mm、15.70mm、18.97mm 和 29.47mm，最大挠度的位置都在结构上弦 7 号节点处，其中，在工况五荷载作用下达到最大，为结构跨度的 1/403。

从图 6.33 中还可以发现，在前五种工况下，结构的最大 Mises 应力都在 200MPa 左右，最大应力范围为 199.86～203.92MPa，最大应力在工况一最小，在工况五达到最大，并且最大应力的位置相同，都在东侧 9 号腹杆的下端。试验过程中也观察到此处焊缝出现裂纹，也验证了结构在此处应力较大。

在前五种工况荷载作用下，上弦杆件的最大 Mises 应力变化范围较大，其中，工况一作用下数值较小，为 40.44MPa；工况五作用下达到最大，为 179.79MPa。上弦杆最大 Mises 应力的位置基本上都在 9 号节间靠近 9 号节点处。

斜杆采用 LINK8 单元模拟，提取轴向力，观察结果发现，其轴向拉应力在工况一和工况五分别达到最小和最大：在工况一作用下，最大轴向拉力为 12.67kN（即轴向拉应力为 63.04MPa），此时斜杆没有出现轴向压应力；在工况五作用下，最大轴向拉力为 24.33kN（即轴向拉应力为 121.08MPa），最大轴向压力为 1.12kN（即轴向压应力为 5.54MPa），最大轴向拉应力的位置始终处在第9节间处。最大压应力从刚开始为零到最终的5.54MPa，说明在静力加载过程中，有一部分斜杆是增载杆，另一部分为卸载杆，如图6.34所示。由图6.34还可以看出，靠近跨中的斜杆卸载的程度较大，靠近支座处的斜杆卸载的程度较小，这是因为在靠近跨中处，整个结构的横截面为倒三角形，截面重心靠近结构的上弦，可以产生较大的卸载效应；而在靠近支座处，结构的横截面为梯形，相比较而言，截面重心位置在截面的中部附近，卸载效应不明显。

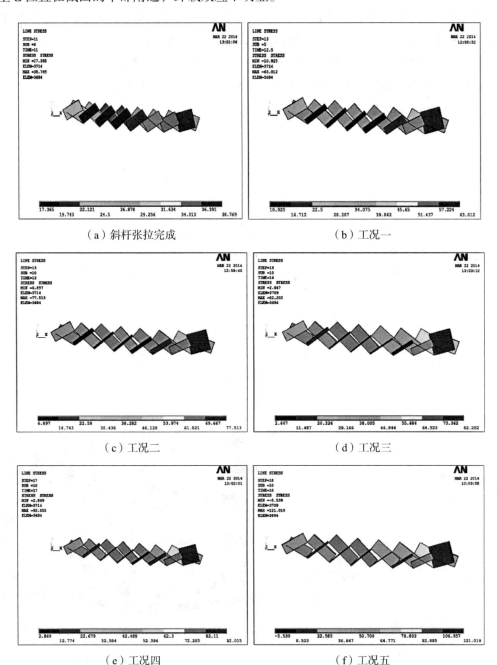

（a）斜杆张拉完成　　　　　　　　　　　（b）工况一

（c）工况二　　　　　　　　　　　　（d）工况三

（e）工况四　　　　　　　　　　　　（f）工况五

图6.34　斜杆应力云图

下弦拉索的索力随着附加节点荷载的增加也在逐渐增加，在工况一至工况五的荷载作用下，西侧低端下弦索力分别为 26.59kN、61.39kN、70.63kN、78.79kN 和 113.59kN。

3. 极限加载阶段

按照第 5 章所描述的极限荷载的标准，即当附加节点荷载不能继续增加时，认为达到结构的极限荷载。在有限元模拟过程中，随着附加节点荷载的不断增加，上弦节点竖向位移不断加大，其中西侧上弦节点 7 号竖向位移最大，其荷载－位移曲线如图 6.35 所示。可以看出，当附加节点荷载达到 25kN 时，荷载位移曲线开始趋于平缓；当荷载增加到 30.64kN 时，有限元模拟计算不能收敛，认为此时达到结构的极限荷载，此时 7 号节点的竖向位移为 227.13mm，为结构跨度的 1/52，已经远远超过最大限值 1/250，结构最大 Mises 应力为 602.2MPa，下弦最大索力为 599.2kN。结构极限状态的竖向位移和局部 Mises 应力云图如图 6.36 所示。

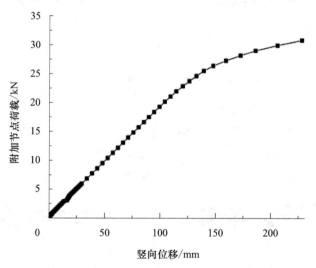

图 6.35　西侧上弦 7 号节点荷载－位移曲线

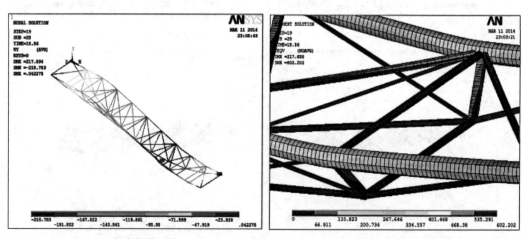

（a）竖向位移云图　　　　　　　　（b）局部 Mises 应力云图

图 6.36　极限状态竖向位移和局部 Mises 应力云图

6.5.3　试验结果与有限元模拟结果对比分析

1. 预应力加载阶段

在预应力张拉阶段，主要目的是使结构达到预期的初始态，所以在此阶段主要进行结构位移对比分析。3、4、5 号控制节点的起拱位移对比如图 6.37 所示，可以看出，对于控制节点的起拱位移趋势，模拟结果和试验结果大致相同，均可以分为两个阶段，且当名义预应力增加到某一数值时结构起拱位移迅速增加；从图 6.37 还可以看出，对于这个"某一数值"，试验值比模拟值稍大，分析其原因，主要是在有限元模拟的过程中，没有考虑到上弦节点板的自重和下弦索夹具的自重。

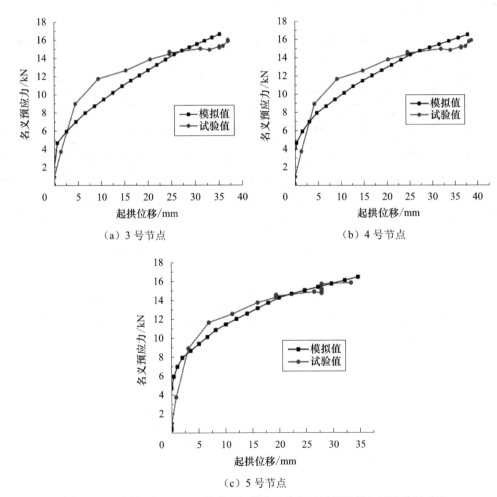

图 6.37　西侧上弦 3、4、5 号节点起拱位移有限元模拟结果与试验结果对比

西侧上弦各节点在不同名义预应力作用下的起拱位移对比如表 6.8 所示，可以看出，在预应力加载初期，即第一阶段内，各节点起拱位移的试验值和模拟值相差较大，且在第一阶段内，高侧节点的起拱位移模拟值比试验值大，而低侧的模拟值比试验值小。在进入预应力加载的第二阶段后，试验值和模拟值相差减小，且随着预应力的增加，两者差值逐

渐减小；当名义预应力为 12.63kN 时，低侧上弦 6 号节点的起拱位移模拟值比试验值大；当预应力加载完成，达到初始态时，低侧上弦起拱位移模拟值比试验值稍大，而高侧 1、2、3、4 号节点起拱位移模拟值比试验值稍小。可见，有限元模拟预应力加载的过程中，结构变形是高侧首先起拱，低侧随后起拱。分析其原因为：① 结构在高侧上弦 3、4 号节点附近用圆弧段过渡，且此处杆件是上弦中部杆，抗弯刚度小；在低侧附近，结构上弦是直线，且此处杆件是上弦端部杆，抗弯刚度较大。② 有限元模拟预应力加载的过程中，采用对双支下弦两端同时施加温度荷载，其高侧和低侧的加载过程保持高度同步，而在试验预应力加载过程中，高侧和低侧的加载只能由人为控制，很难保证二者同步。

预应力加载完成之后的结构变形如图 6.38 所示，可以看出，预应力加载完成后，结构变形的有限元模拟结果与试验结果基本相同。

不同名义预应力作用下各节点起拱位移试验值和模拟值对比　　　　　表 6.8

节点编号	名义预应力 8.97kN		相差百分比	名义预应力 12.63kN		相差百分比	最终位移		相差百分比
	试验值	模拟值		试验值	模拟值		试验值	模拟值	
1	2.09	3.98	90%	6.87	8.57	25%	15.8	13.64	−14%
2	3.36	7.50	123%	12.87	16.23	26%	28.4	26.36	−7%
3	4.5	8.62	91%	15.35	20.11	31%	36.97	35.20	−5%
4	4.29	6.81	59%	14.86	18.95	28%	38.69	37.91	−2%
5	3.19	3.60	13%	11.33	14.08	24%	33.42	34.71	4%
6	2.09	1.09	−48%	7.26	8.10	12%	25.5	27.60	8%
7	0.82	0.10	−87%	3.55	3.25	−8%	17.11	18.98	11%
8	0.11	0.05	−55%	1.3	0.78	−40%	10.1	11.13	10%
9	0.04	0.00	−90%	0.42	0.06	−86%	4.75	4.85	2%

注：相差百分比＝（模拟值−试验值）/试验值 ×100%。

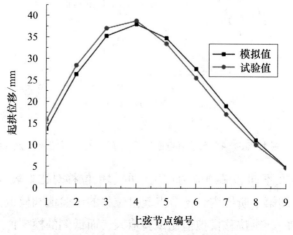

图 6.38　预应力加载完成后的结构变形

2. 静力加载阶段

各工况下结构西侧上弦各节点的竖向位移对比见表6.9。在前两种工况荷载作用下，跨中试验值和模拟值相差较大，而靠近两端支座处相差较小；在后三种工况荷载作用下，跨中试验值和模拟值相差较小，而靠近两端支座处相差较大。分析其原因为：① 在加载过程中，附加节点荷载的数值不能准确地保证试验所要求的荷载值，总会存在偏差，而有限元模拟时可准确施加试验所要求的荷载值。② 试验所选择的数据存在仪器测量的误差和人为选择数据的误差。③有限元模拟没有考虑加载装置的自重引起的结构竖向位移。④ 实际试验中的支座约束不能保证不存在滑移，两者对结构的约束刚度在支座附近存在差异。⑤ 有限元模拟没有考虑下弦索夹具与下弦索之间的相对滑移。

在加载初期，由加载装置的自重引起的跨中竖向位移差值较大，而在支座两端由于支座对附近结构的约束作用，竖向位移的差值较小。随着附加节点荷载的增加，加载装置的自重在总的荷载中所占比例越来越小，由其所引起的竖向位移在整个位移中所占比例也越来越小，所以在加载后期，跨中竖向位移差值变小，而在支座附近差值相对变大。

西侧上弦各节点竖向位移试验值和模拟值对比　　　　　　　　表6.9

工况编号	对比结果	节点编号								
		1	2	3	4	5	6	7	8	9
工况一	试验值	3.73	6.09	8.07	9.67	10.96	10.85	10.36	8.49	5.9
	模拟值	3.64	5.20	5.98	6.42	6.99	7.76	8.48	8.11	5.88
	相差百分比	2%	15%	26%	34%	36%	28%	18%	4%	0%
工况二	试验值	5.34	8.62	11.63	13.97	15.77	15.64	14.7	12.1	8.22
	模拟值	5.42	8.09	9.84	11.03	12.14	13.14	13.72	12.72	9.02
	相差百分比	2%	6%	15%	21%	23%	16%	7%	5%	10%
工况三	试验值	11.01	8.25	8.33	12.03	13.83	11.38	14.16	11.95	8.21
	模拟值	5.61	8.55	10.60	12.11	13.56	14.92	15.70	14.65	10.46
	相差百分比	49%	4%	27%	1%	2%	31%	11%	23%	27%
工况四	试验值	11.63	10.76	11.66	15.88	17.77	15.26	17.37	13.39	9.88
	模拟值	7.21	10.98	13.71	15.64	17.29	18.51	18.97	17.33	12.16
	相差百分比	38%	2%	18%	1%	3%	21%	9%	29%	23%
工况五	试验值	16.47	16.62	19.69	25.75	28.66	26.17	24.7	22.7	13.66
	模拟值	10.78	16.77	21.45	24.87	27.58	29.25	29.47	26.54	18.44
	相差百分比	35%	1%	9%	3%	4%	12%	19%	17%	35%

注：相差百分比＝（模拟值－试验值）/试验值×100%。

各工况下结构的变形如图6.39所示，可以看出，试验中结构的变形与有限元模拟结构的变形存在少许差异，但整体变形大致相同。西侧上弦2、5、8号节点荷载－位移曲线试验结果和有限元模拟结果对比如图 6.40 所示，可以看出，当附加节点荷载达到试验极限荷载之前，有限元模拟结果和试验结果基本相同，荷载－位移曲线基本为线性；当附加节点荷载超过试验极限荷载之后，有限元模拟结果逐渐表现出非线性。总体而言，有限元模拟结果较好。

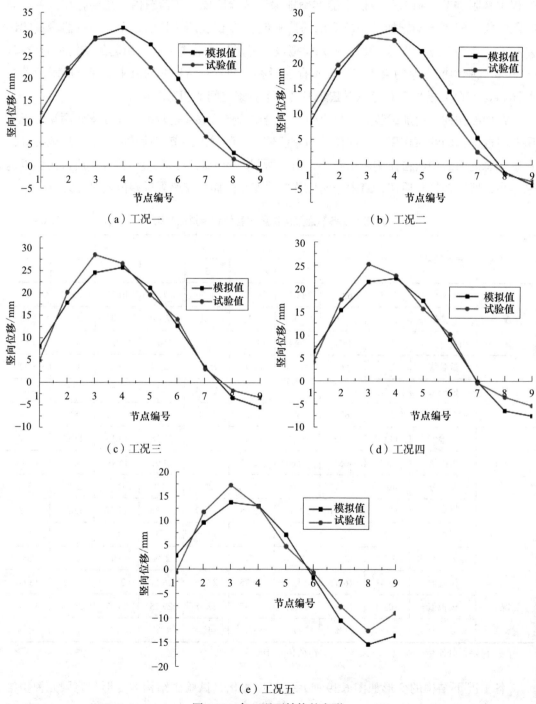

图 6.39　各工况下结构的变形

第 6 章　宝鸡市游泳跳水馆整体稳定承载力试验

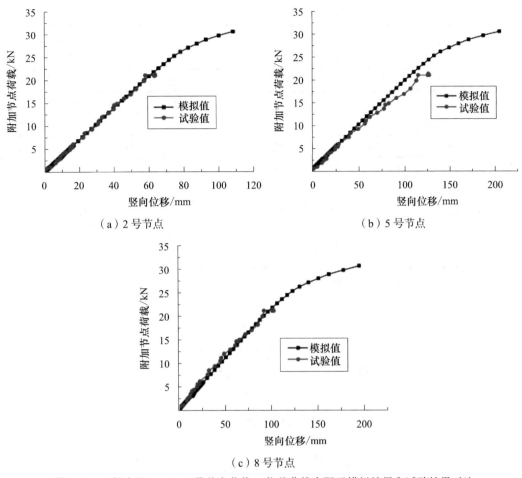

（a）2 号节点　　　　　　　　　　（b）5 号节点

（c）8 号节点

图 6.40　西侧上弦 2、5、8 号节点荷载－位移曲线有限元模拟结果和试验结果对比

根据第 5 章和本章前述应力分析结果，可知加载过程中，上弦杆、斜杆、腹杆最大应力位置基本相同，都在低端支座 9 号节点附近。各工况下结构各类杆件的最大应力对比见表 6.10，可以看出，杆件最大应力试验值和模拟值存在差异，而且没有规律性，两者结果相差最小为 3%，最大为 39%。分析其原因为：① 试件在制作和加工的过程中存在残余应力，而残余应力在构件中的分布是随机的，这一点在有限元模拟过程中没有考虑。② 在试验加载过程中，附加节点荷载和有限元模拟节点荷载数值不同。③ 试验所测量的数据存在仪器的误差和试验人员人为的测量误差。

西侧低端索力与附加节点荷载关系的试验结果和有限元模拟结果对比如图 6.41 所示，可以发现，两者关系都近似为线性关系，但是有限元模拟的索力要高于试验的索力。当附加节点荷载为试验极限荷载，即 21.13kN 时，试验索力为 260.86kN，有限元模拟索力为 397.52kN，索力的有限元模拟结果比试验结果高出 52.4%。分析其原因为：① 有限元模拟下弦拉索时，采用的是 LINK10 单元，该单元不能考虑索材的非线性。② 试验过程中索力的测量存在不可避免的误差。③ 索的非线性可以用索的厄恩斯特等效弹性模量来考虑，但有限元模拟时没有考虑。

各工况下各类杆件最大应力对比 表 6.10

工况编号	结果	应力 /MPa			工况编号	结果	应力 /MPa		
		上弦杆	斜杆	腹杆			上弦杆	斜杆	腹杆
工况一	试验值	−42.22	47.2	−73.01	工况四	试验值	−65.1	78.58	−96.43
	模拟值	−50.04	63.04	−66.89		模拟值	−83.42	92.06	−89.91
	相差百分比	19%	34%	8%		相差百分比	28%	17%	7%
工况二	试验值	−59.07	66.14	−96.42	工况五	试验值	−101.5	118.09	−142.8
	模拟值	−66.73	77.55	−71.03		模拟值	−126.7	121.07	−113.2
	相差百分比	13%	17%	26%		相差百分比	25%	3%	21%
工况三	试验值	−63.23	72.45	−63.72	试验极限状态	试验值	−359.1	448.56	−476.2
	模拟值	−81.26	82.24	−88.47		模拟值	−437.8	329.63	−353.5
	相差百分比	29%	14%	39%		相差百分比	22%	27%	26%

注：相差百分比＝（模拟值－试验值）/ 试验值 ×100%。

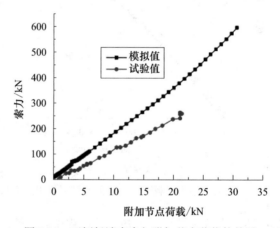

图 6.41　西侧低端索力与附加节点荷载的关系

3. 极限加载阶段

由前文可知，有限元模拟的极限荷载是 30.64kN，高出试验极限荷载 45%。在达到试验极限荷载之前，结构的竖向位移有限元模拟结果与试验结果基本相同，但是达到试验极限荷载之后却不能继续承载。分析其原因主要为：有限元模拟时，在跨中将下弦拉索模拟为一个节点，而在试验中，下弦双支拉索由两端向跨中逐渐靠近，但依然保持为双支拉索，而双支拉索在跨中 5 号节点处不能保证完全的轴对称，存在着偏差。

为了验证上述原因，将有限元模型中的下弦拉索在跨中 5 号节点分为两个，间距 50mm，并且两个节点都向西侧偏移 15mm，该模型在极限状态下结构破坏模式与试验结果对比如图 6.42 所示。从图中可以看出，两者的破坏模式基本相同，此时结构的模拟极限荷载为 24.48kN，与没有初始缺陷结构的极限荷载相比降低了 20.1%。可以看出，下弦双支拉索的对称性对结构的极限荷载有着较大的影响，所以在实际工程中应尽可能保证下弦双支拉索的对称性。

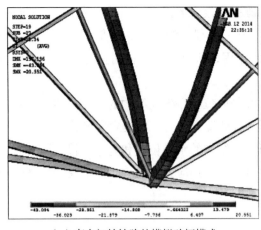 

（a）存在初始缺陷的模拟破坏模式　　　　　　（b）试验的破坏模式

图 6.42　极限状态下结构的破坏模式对比

6.6　总结

本研究基于宝鸡市游泳跳水馆工程，选取屋盖结构中的一榀张弦梁为原始模型，进行 1：5 缩尺试验研究，对缩尺之后的模型进行预应力加载试验和多种工况的静力加载试验，并测试结构的极限荷载。同时，采用 ANSYS 有限元软件对试验过程进行数值模拟，将试验结果与数值模拟结果进行对比分析，分析两者的异同之处，验证有限元分析的适用性。为更加深入了解各构件对张弦梁结构变形能力和受力性能的影响，采用相同的有限元方法对结构的 1：1 模型进行了多种参数分析。

1. 研究结论

研究得到的主要结论如下。

（1）该新型张弦梁结构具有良好的受力性能和整体变形能力以及较高的安全储备，结构设计安全合理。

（2）在预应力加载过程中，索力的控制应以控制点竖向位移为主，索力控制为辅。预应力加载过程可以分为两个阶段：第一阶段，结构竖向位移的变化随预应力的增加不明显；第二阶段，当预应力增加到某一数值时，结构竖向位移的增加对预应力的增加变得很敏感，这一数值约为结构的自重。采用等效温度荷载法可以有效地模拟预应力的张拉过程。

（3）在静力荷载作用下，结构竖向位移、各杆件应力以及下弦索力与附加节点荷载近似呈线性关系。在 1.5 倍设计荷载作用下，结构最大竖向位移没有超过规范规定的最大挠度，结构各杆件的应力也没有超过相应材料的屈服强度。结构的试验极限荷载为设计荷载的 5.28 倍，说明该结构具有较高的安全储备。

（4）在实际结构中，应该尽量保证下弦 5 号节点的对称性，过大的偏差会对结构的极限荷载产生较大的影响，降低结构的安全储备。在实际施工过程中，也应该注意屋面围护结构的施工顺序，防止出现低侧半跨荷载对结构的不利情况。

（5）布置一定形式的斜杆，对结构低侧的刚度有较大的提高，同时可减小结构的竖向位移和低端支座的水平位移，对结构的内力也有一定程度的降低。但是，如在每个节间布置斜杆，对结构的位移和内力没有更有益的作用，所以布置斜杆时应考虑实际工程的需求。

（6）腹杆的存在可以减小结构的水平位移和竖向位移，提高结构的刚度，结构上弦和腹杆的内力有小幅度的增加，同时减小了受压斜杆的轴力，防止其发生失稳破坏。

（7）对结构施加一定量的初始预应力，可减小结构的水平位移和竖向位移，结构的内力也有所降低。但是预应力的施加并不是越大越有利，预应力过大会提前消耗结构某些杆件的承载能力，从而降低整个结构的承载能力。

2. 有待开展的工作

本研究主要针对宝鸡市游泳跳水馆屋盖所采用的新型张弦梁结构，选取其中一榀张弦梁结构进行了试验研究、有限元模拟和参数分析，由于种种原因，本研究未能做到尽善尽美，笔者认为以下工作还需要进一步的研究。

（1）本研究主要为结构在静力荷载作用下结构的变形能力和受力性能，由于张弦梁结构在动力荷载（如地震荷载、风荷载）作用下，可能会出现较大的变形，甚至会出现下弦索的松弛现象而使结构处于一个不稳定的状态，笔者认为很有必要对动力荷载作用下结构的整体变形能力和受力性能做更加深入的研究。

（2）对张弦梁结构的截面优化分析。本研究发现，该张弦梁结构具有较高的安全储备，说明结构设计比较保守，有必要对结构各杆件的截面进行优化，使结构在静力荷载作用下具有良好的变形能力和受力性能。

（3）考虑下弦索形态的截面优化分析。本研究表明，该结构具有良好的受力性能，但是否是结构的最佳传力路径，还有待验证。为了找到该结构的最佳传力路径，就需要对结构下弦索的形态进行优化，并在下弦索形态优化分析的同时，获得最佳传力路径下结构各杆件的截面尺寸。

第7章 西安国际足球中心屋盖索网结构承载力试验

西安国际足球中心屋盖索网结构承载力试验,采用了同步点阵数控加载装置。与采用传统的加载方式如液压千斤顶加载、吊挂砝码、堆放沙袋等相比,同步点阵数控加载装置布载灵活、加载精度高、符合实际工况、设备操作便捷、加载安全高效。整个试验加载过程中荷载稳步匀速增长,可实现不同点位组合、任意比例、任意方向下自动同步加载,单次安装可满足多种荷载工况,加载耗材清洁环保,试验现场干净整洁,便于试验观察和记录。

7.1 试验背景

7.1.1 工程概况

1. 建筑设计

西安国际足球中心项目位于沣东新城中央商务区内,大西安新中心新轴线东侧,复兴大道以东,科源一路以西,科统三路以北,科统四路以南,规划用地面积约 186666.7m²,项目总建筑面积约 251196.3m²,足球场可容纳观众约 6 万人。足球中心效果图如图 7.1~图 7.5 所示,总平面图如图 7.6 所示。

图 7.1 足球中心西立面效果图

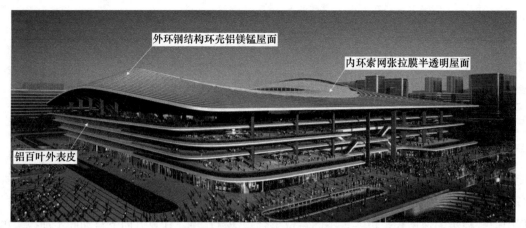

图 7.2　足球中心西南立面效果图

图 7.3　足球中心正立面效果图

图 7.4　足球中心室内效果图

图 7.5　足球中心鸟瞰效果图

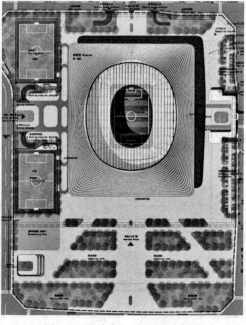

图 7.6　足球中心总平面示意图

西安国际足球中心项目由英国扎哈·哈迪德建筑事务所联合香港 iDEA 担纲方案设计，设计方案体现了周、秦、汉高台建筑元素符号，将西安建筑方正、恢弘的特色和专业足球场动感、时尚、活力的特色完美结合。该足球中心建成后，计划用于承办 2023 年亚洲杯赛事，并满足承接国际顶级足球赛事及国内顶级联赛、青少年足球专业化培养及体育交流、商业演出、大型综艺等功能，成为一座世界一流的专业足球场。

足球场屋盖外圈为钢结构环壳，包括环壳上弦杆层、下弦杆层，以及连接上、下弦杆的腹杆层。金属环壳的结构设计可在场内外露，展现结构美的同时，节省封板的费用和时间。金属屋面的材质为铝板，具有低维护、耐脏、自清洁的特性。屋盖内圈采用双层双向索网结构方案，以解决索网屋面开洞及膜结构张拉的问题。结构方案包括上层的东西向索列和下层的南北向索列，通过短柱连接两层索列和内环梁，同时在内环梁相应部位设计了 4 组内切弦拉索，用于平衡内环梁受到的单侧拉力。

2. 结构设计

（1）体育场总体概况

西安国际足球中心主体育场地上混凝土看台结构平面呈倒圆角矩形，外轮廓尺寸约为 295.2m×240.2m，地上 6 层，1 层和 2 层之间有局部夹层。足球场屋盖结构平面呈倒圆角矩形，外轮廓尺寸约为 295.6m×250.6m，屋盖结构分为刚性和柔性两部分，其中外周的刚性屋盖结构部分外表面为外低内高的空间不规则曲面；内圈的柔性索网屋面基于建筑师"马鞍形曲面"的设计构思发展而来，外轮廓尺寸约为 203.0m×178.6m，马鞍面高差约为 23.5m，柔性索网屋盖部分内环两个方向尺寸约为 115.0m×92.4m。足球中心地下室结构平面呈环状矩形，外轮廓尺寸约为 441.2m×398.7m，地下 1 层，层高 4.50～7.73m。地下室主要功能为车库，其范围在主体育场范围以外，环状地下车库外墙与主体育场之间有 25～50m 的距离。建筑功能上，地库通过东南西北 4 个连通道与主体育场的局部地下室结构连接；结构上，4 个连通道位置从基础至地下室顶板设缝断开，地下车库和主体育场各自形成独立的结构单元。1 层室外地坪标高为 −0.300m，下部混凝土结构顶标高为 ＋40.930m，上部钢结构屋盖结构顶标高为 ＋62.150m。相对标高 ±0.000 对应的绝对标高为 ＋388.960m（1985 国家高程基准）。足球场单体概况如表 7.1 所示，足球场结构如图 7.7～图 7.9 所示。

足球场单体概况   表 7.1

单体	层数	结构顶高度 /m		建筑面积 /m²	结构体系
足球场	地上 6 层，局部地下 1 层	混凝土结构	钢结构屋盖	地上 163927.9，地下 87268.4，总计 251196.3	地上钢筋混凝土框架－屈曲约束支撑＋大跨度钢壳结构屋盖＋内圈双层正交索网结构
		＋40.930	＋62.150		

本足球中心工程主体育场非地下室区域基础采用桩基＋承台＋连系梁的形式，主体育场地下室区域基础采用桩基＋承台＋连系梁＋防水板的形式，地下车库区域基础采用柱下独立基础＋防水板的形式，地下室外墙下设置条形基础。主体育场混凝土结构采用钢筋混

凝土框架＋屈曲约束支撑（Bucking-Restrained Brace，简称 BRB）的结构体系。主体育场地上结构嵌固端为 1 层楼面（建筑完成面标高 ±0.000），屋盖主体结构采用周边刚性环壳承托的双层正交索网结构，屋盖结构的几何形态完全贴合建筑造型而设计。足球中心屋盖结构平面图如图 7.10 所示。

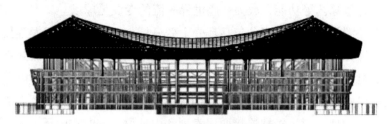

图 7.7　足球中心主体结构纵剖面示意图

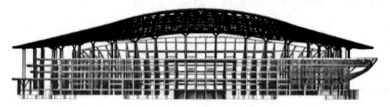

图 7.8　足球中心主体结构横剖面示意图

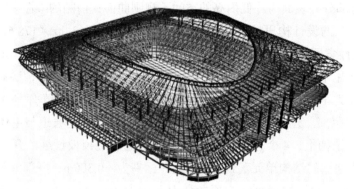

图 7.9　足球中心主体育场结构三维示意图

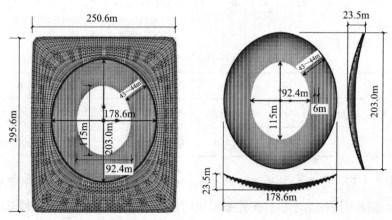

图 7.10　足球中心屋盖结构平面示意图

（2）内圈索网屋面几何尺寸

西安国际足球中心屋盖索网由同一曲面上两组曲率相反的单层悬索系统相交而成，两组单索在交点处用夹具连接为不能相对滑移的固定节点，形成"鞍形双曲面"正交索网。索网结构分为上、下两层，下层为南北向抗风索，索间距基本均匀，为 6m 左右；上层为东西向承重索，索间距根据索网中间开洞形状的受力需求进行调整布设，间距为 3.6～6.5m。索网结构的东西向承重索沿着外周圈拉结在上马鞍线，南北向抗风索沿着外周圈拉结在下马鞍线。

内圈索网的几何形体和结构的预应力态通过整体力学找形确定。有效的整体结构力学找形的主要目标有：

1）通过调整上、下层索网预应力分布，在屋盖体系自重完成态下，外环的弯矩尽可能地小，减少用钢量。

2）通过调整内环的姿态，尽量减少由于正交索网所带来的（必然存在的）索夹不平衡力。

3）通过调整悬挑梁的高度和上、下稳定索的预应力分布，形成有效的索桁架形体。

4）调整承重索的预应力分布，平衡上、下稳定索的内力。

本结构是世界上第一个采用内环开孔的正交索网体系。由于内环开孔所产生的较大索夹不平衡力，让索结构工程师对选择这样的索网体系心存畏惧。所以如何尽量地减小不平衡力是本工程力学找形关键。图 7.11 所示受力简图分析了力学找形中如何减小不平衡力的策略和调整原则。

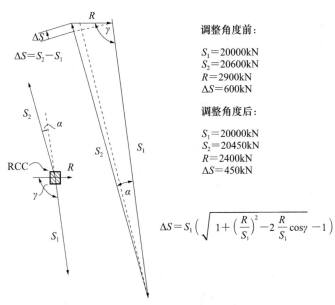

调整角度前：

$S_1=20000\text{kN}$
$S_2=20600\text{kN}$
$R=2900\text{kN}$
$\Delta S=600\text{kN}$

调整角度后：

$S_1=20000\text{kN}$
$S_2=20450\text{kN}$
$R=2400\text{kN}$
$\Delta S=450\text{kN}$

$$\Delta S=S_1\left(\sqrt{1+\left(\frac{R}{S_1}\right)^2-2\frac{R}{S_1}\cos\gamma}-1\right)$$

图 7.11　内环索夹不平衡力调整原则

对于完成态 20000kN 的内环索力，只需要调整环索索夹处的夹角约 1.18° 就可以将不平衡索力降低 25%，这个调整并不能从根本上将不平衡力消除，因为这是体系自身所带来的特点，只能一定程度上降低不平衡力。调整后，内外环间距非等距，而是有略微的变化，但视觉完全不可见。

另一个力学找形的关键边界条件是确定下层索网结构的预应力度以及悬挑梁的长度（图7.12）。索膜桁架的高度越大和预应力越大则其竖向刚度越好，但是相应悬挑梁所产生的弯矩和对压环产生的扭矩也越大。经过对用钢量和索膜桁架的刚度权衡考虑后，本工程决定采用3.6m的折面高度。这样对于6m跨度而言，折面夹角为80°，无论从视觉角度还是受力角度来说，都是一个较为平衡的结果。

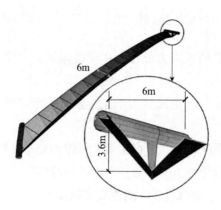

图 7.12　悬挑梁的几何尺寸

（3）索网屋面承重体系

内圈屋面结构体系设计原理是自锚式的全封闭索网体系。内部的受拉环以及外侧的受压环通过施加预应力的上、下层正交索网形成预应力态。

主要的结构体系包括外压环、悬挑梁、内拉环以及其间张拉的双层双向的索网体系。该体系可以看成是一个平放的自行车轮，施加在屋盖上的荷载，通过正交索网传递到外压环上。如果正交索网的拉力增大，则意味着外压环的压力和内拉环的拉力均会增加。内圈屋面结构通过压环下设置的40个支座支承在外圈钢结构的悬挑牛腿上。如图7.13所示。

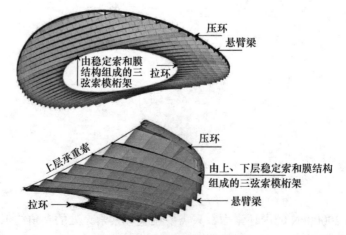

图 7.13　内圈屋面结构体系

三弦索膜桁架是整个屋盖体系中的重要部分，其张拉在压环与拉环之间，和上层承重索一起构成了内圈屋盖的主要承重体系。

三弦桁架的两侧采用预应力膜结构形成桁架所需要的两侧腹板。下弦的侧向稳定性主要由两侧的膜结构提供，上弦的侧向稳定性由与之垂直设置的上层承重索提供。

由于屋盖结构中间开洞的需求，形成了两种形式的索桁架（图 7.14）：

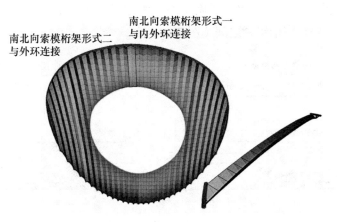

图 7.14　南北向索桁架示意

形式一：连接在内外环之间，内环处高度为 0，外环处高度为 3.6m。

形式二：在非开洞区域，与外环连接，外环处的高度为 3.6m，中部高度约为 1.8m，矢高可以通过调整膜结构的预应力实现。

这样形成的双层索网体系，每个节点都有受拉构件连接，从而形成了空间连接有效的索网体系。

（4）索网屋面抗侧力体系和支座设置原则

屋盖结构的平面内刚度很好，内圈屋盖在重力荷载作用下为平衡的自锚体系，不会将索网的内力传递到外圈屋盖结构。

仅在外力荷载作用下，通过设置 40 个径向弹簧支座（弹性刚度为 10kN/mm）和 4 个环向支座将水平荷载传递到外圈钢结构（图 7.15）。

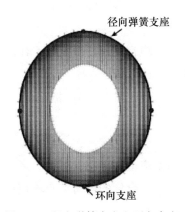

图 7.15　径向弹簧支座和环向支座

环向和径向支座均在屋面结构施工完成后锁紧，以减小在索网张拉过程中内外圈屋盖之间不必要的次应力。

采用弹簧支座最主要的目的是减小内圈屋盖对外圈屋盖的反力，并控制内外圈屋盖间的变形差。在支座方案设计研究中，首先根据屋面结构构造要求（幕墙、马道及排水方案等）设定了内外圈屋盖在最大外力作用下的允许变形量为 ±100mm 这样一个边界条件；然后确定支座的弹簧刚度。因此，所确定的支座方案，无论是内力还是内外圈结构变形差，均处于完全放松和完全锁紧之间（图 7.16）。

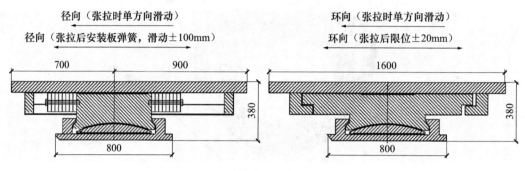

图 7.16　弹簧支座的构造方案
（资料来源：上海路博减振科技股份有限公司）

（5）索膜结构体系

索结构和膜结构的搭配一直是超轻型结构设计的最佳配置。高效和高强的索结构由于强度高（为普通钢结构的 5~6 倍），所以在同等情况下刚度较小（为普通钢结构的 20%~30%），会在外力（风荷载和雪荷载）作用下产生较大的变形。而膜结构本身是柔性的材料，其构造可以实现在 1/10 跨度下的变形没有任何密封和构造的问题，这一特点很好地包容了高强索结构变形大的缺陷。

三弦索膜桁架很好地利用了膜结构抗拉强度高的特点，在上、下稳定索之间张拉形成稳定和高效的结构体系。将维护结构纳入主体结构之内的做法有三个最大的好处：① 充分利用各种材料的优势，最大限度地节约材料，符合生态环保的国际设计大趋势。② 取消不必要的结构构件，使整个体育场效果更加简洁、干净。③ 将建筑和结构的特点充分结合，形成一个独一无二的设计。

采用膜结构参与受力已有许多项目案例，本工程利用膜结构替代吊索是较为常用的处理方式。膜结构的弹性模量和抗拉刚度均远小于钢结构，所以只能替代索结构中应力较小的杆件，如吊索。巴西马拉卡纳体育场、佛山世纪莲体育场项目也采用了这样的处理方式。

（6）索结构连接节点

索网体系需要将不同受力的索连接起来共同受力，形成整体的全张拉体系，所以索结构的连接节点是索结构设计的重点。合理的连接节点不仅可大幅提高索网体系的效率（受力和安全性），还能为建筑效果增色。

1）主要的内环索连接节点

最重要的连接节点是内环索和索网体系的连接节点。由于本项目采用了正交索网体系，其连接点在内环处会产生较大的不平衡力，通过力学找形去尽量减小不平衡力的同时，采用有效的连接节点十分重要。本工程节点处采用高抗滑移能力索夹来抵抗不平衡力的方案，即使用 SBP 高滑移能力索夹的新技术，通过机加工的顶紧面，将摩擦抗滑移系数提高到普通索夹的 2.4 倍，同时采用 10.9 级 M27 的高强螺栓加大预压力，进一步加大抗滑移能力。由于有效的力学找形一定程度上已减小了不平衡力，可以采用 12 个 10.9 级的高强螺栓索夹抵抗最大 1325kN 的不平衡力。主要的内环索连接节点如图 7.17 所示。

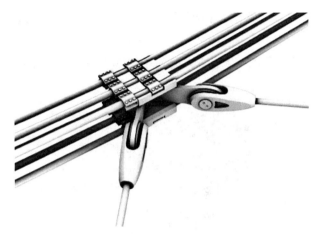

图 7.17　主要的内环索连接节点示意

2）下层稳定索的连接节点

下层稳定索不平衡力稍小，受力也较为简单，所以可以采用较为轻巧的节点连接方式，如图 7.18 所示，连接节点采用 30mm 厚的 Q390 钢板和机加工索夹焊接而成。

图 7.18　下层稳定索连接节点示意

3）正交索网的索夹

上层承重索和上层稳定索所形成的节点数量为 504 个，应对其构造和连接方式进行优化，以在保证连接可靠性的前提下，尽可能地减小其重量。为了保证受力的可靠，将稳定索设置在承重索之上，这样索夹一直保持受压的状态。高强螺栓的预应力不会降低，抗滑移能力也不会降低，同时，采用蝶形索夹以减少用钢量（图 7.19）。

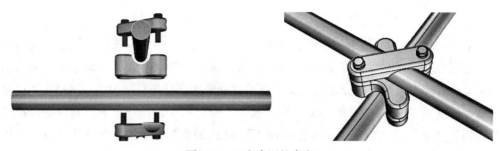

图 7.19 正交索网的索夹

（7）拉索布置

拉索采用进口密封索，索体弹性模量为 $1.60 \times 10^5 MPa$，钢丝抗拉强度为 1570MPa。防腐采用锌 -5% 铝 - 混合稀土合金镀层，索头采用热铸锚叉耳式 U 形连接件，所有销轴采用40Cr，相关使用标准参考《合金结构钢》GB/T 3077—2015。如图 7.20 和图 7.21 所示。

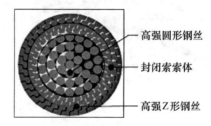

图 7.20 密封索示意

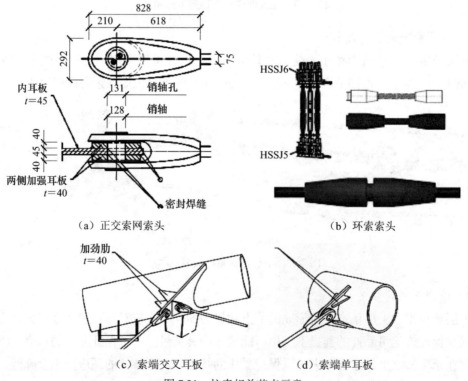

（a）正交索网索头　　　　　　　（b）环索索头

（c）索端交叉耳板　　　　　　　（d）索端单耳板

图 7.21 拉索相关节点示意

整个索网体系由以下四种拉索组成：

1）54 根上层承重索，长度为 44～140m，带两端叉耳锚头（不允许分段），如图 7.22 和表 7.2 所示。

2）46 根上层稳定索，长度为 44～166m，带两端叉耳锚头（不允许分段），如图 7.23 和表 7.3 所示。

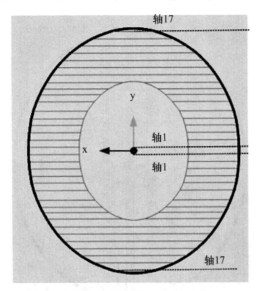

图 7.22　上层承重索轴线编号

上层承重索概况

表 7.2

轴线编号	直径 /mm	根数 N	单根索长 /m	总索长 /m
1	65	4	44.469	177.876
2	65	4	44.618	178.472
3	65	4	44.867	179.468
4	65	4	45.347	181.388
5	85	4	45.952	183.808
6	95	4	47.162	188.648
7	85	4	50.121	200.484
8	75	4	53.413	213.652
9	75	4	56.948	227.792
10	75	4	65.695	262.780
11	75	2	140.754	281.508
12	85	2	131.37	262.740
13	85	2	120.336	240.672
14	90	2	107.146	214.292
15	95	2	91.004	182.008

轴线编号	直径 /mm	根数 N	单根索长 /m	总索长 /m
16	90	2	69.706	139.412
17	90	2	37.672	75.344
总计	—	54	—	3390.344

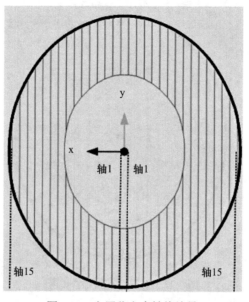

图 7.23　上层稳定索轴线编号

上层稳定索概况　　　　　　　　表 7.3

轴线编号	直径 /mm	根数 N	单根索长 /m	总索长 /m
1	85	4	44.568	178.272
2	85	4	45.025	180.100
3	85	4	46.125	184.500
4	75	4	47.688	190.752
5	65	4	50.034	200.136
6	65	4	53.341	213.364
7	85	4	58.196	232.784
8	65	4	72.515	290.060
9	65	2	166.168	332.336
10	65	2	155.694	311.388
11	75	2	143.338	286.676
12	75	2	128.306	256.612
13	65	2	109.630	219.260
14	65	2	86.414	172.828

轴线编号	直径 /mm	根数 N	单根索长 /m	总索长 /m
15	65	2	49.694	99.388
总计	—	46	—	3348.456

3）44 根下层稳定索，长度为 45～171m，带两端叉耳锚头（不允许分段），如图 7.24 和表 7.4 所示。

4）6 根环索，每根长度约为 329m，分两段（不允许增加分段数）用圆柱形浇筑锚头相连，如图 7.25 和表 7.5 所示。

通过设置恰当的结构空间拓扑关系，采用力密度法与有限元迭代法结合的方法，进行索网的高精度找形，结果如图 7.26 和图 7.27 所示。

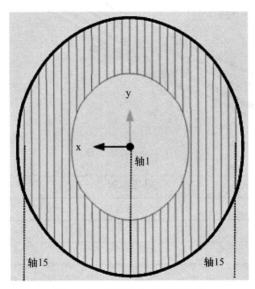

图 7.24　下层稳定索轴线编号

下层稳定索概况　　　　　　　　　　　　　　表 7.4

轴线编号	直径 /mm	根数 N	单根索长 /m	总索长 /m
1	4	2	45.299	90.598
2	45	4	45.500	182.000
3	45	4	46.264	185.056
4	45	4	47.600	190.400
5	45	4	49.489	197.956
6	45	4	52.265	209.060
7	4s	4	56.332	225.328
8	45	4	63.338	253.352
9	65	2	171.228	342.456

续表

轴线编号	直径 /mm	根数 N	单根索长 /m	总索长 /m
10	65	2	161.668	323.336
11	65	2	150.284	300.568
12	65	2	136.550	273.100
13	65	2	119.688	239.376
14	65	2	99.194	198.388
15	45	2	71.684	143.368
总计	—	44	—	3354.342

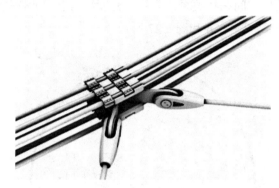

图 7.25 环索示意

环索概况   表 7.5

直径 /mm	根数 N	总索长 /m
95	6	329.150
总计	6	1974.900

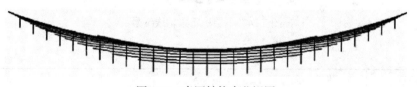

图 7.26 索网结构南北视图
（边高中低为承重索，深色为内张拉环位置）

图 7.27 索网结构东西视图
（边高中低为承重索，深色为内张拉环位置）

3. 施工方法

施工方法包括整体地面低空组装、空中牵引提升和高空张拉成型。总体施工步骤如

图 7.28 所示。

（1）地面铺设并组装连接环索、下层稳定索、上层承重索和上层稳定索。

（2）牵引提升上层承重索和上层稳定索，然后利用吊带（或钢丝绳）连接下层稳定索索段。

（3）下层稳定索随上层索网一起提升。

（4）牵引提升至高空，分批次锚接上、下层正交索网；索网张拉成型，后续安装膜面等。

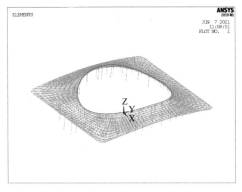

（a）第 1 步：安装压环

（b）第 2 步：胎架卸载后反顶（胎架顶无压力）

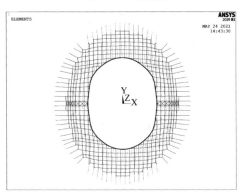
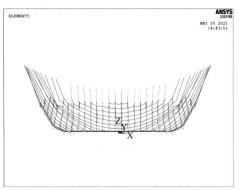

（c）第 3 步：环索置于地面胎架上，安装上层正交索网，下层稳定索系在上层稳定索两端

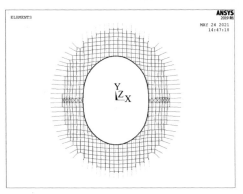
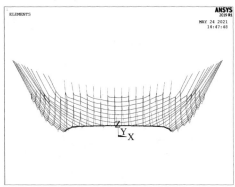

（d）第 4 步：牵引上层索至环索脱架，此时环索高约 9m

图 7.28　施工流程（一）

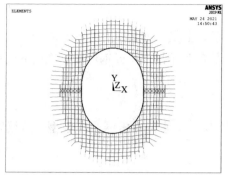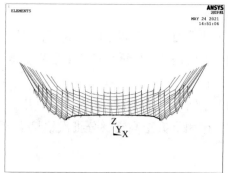

（e）第5步：继续牵引上层索网，此时环索高约15m

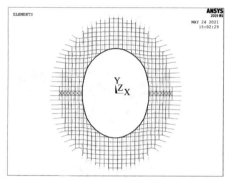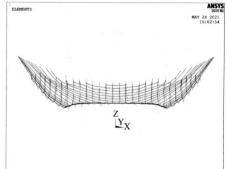

（f）第6步：继续牵引上层索网，此时环索高约21m

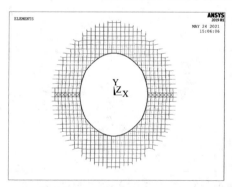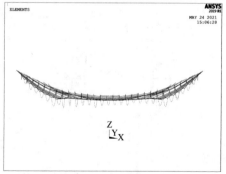

（g）第7步：继续牵引上层索网，此时环索高约35m

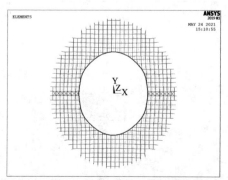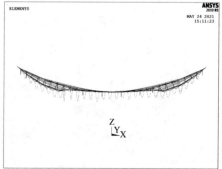

（h）第8步：继续牵引上层索网，此时环索高约40m

图7.28 施工流程（二）

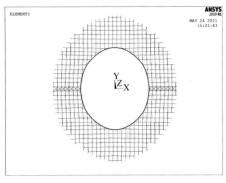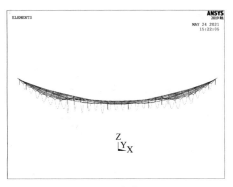

（i）第 9 步：继续牵引上层索网至牵引索长度为 1m，此时环索高约 44m

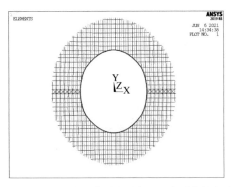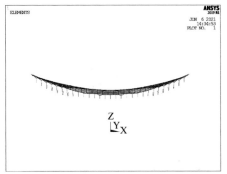

（j）第 10 步：继续牵引上层索网至牵引索长度为 0.5m，并在上层未牵引的索端增设 0.5m 牵引索

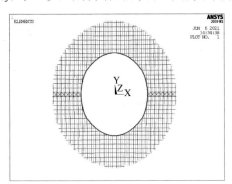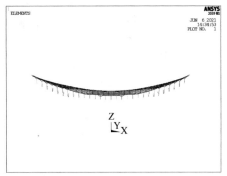

（k）第 11 步：释放支座固定约束，支座可沿径向和环向有限滑移

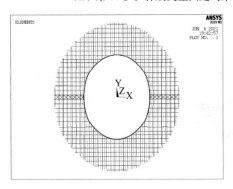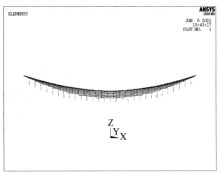

（l）第 12 步：继续牵引上层索网至牵引索长度为 0.2m

图 7.28　施工流程（三）

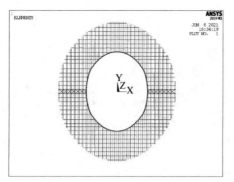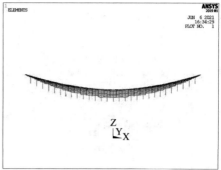

（m）第13步：继续牵引上层索网至牵引索长度为0.1m

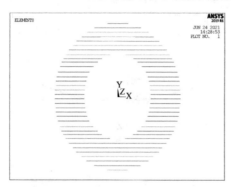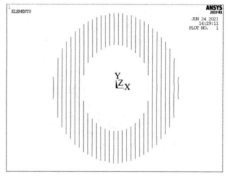

（n）第14步：上层索网两侧索锚接就位（深色部分），其余牵引索长度仍为0.1m

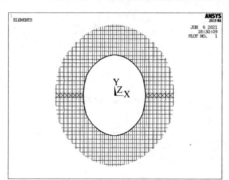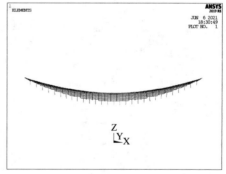

（o）第15步：卸除压环桁架下的胎架后，锚固剩余拉索

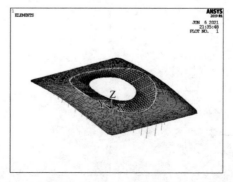

（p）第16步：安装膜面、马道、外围屋面等（整体结构恒荷载态）

图7.28　施工流程（四）

4. 工艺流程

（1）施工场地要求

对足球场内部场地做硬化处理，以方便设备、索体材料运输与堆放；拉索铺设前，在看台上铺设木模板以保护看台及拉索。

（2）环索安装

第一步：环索平台搭设。根据环索地面投影搭设环索平台架。

第二步：环索开盘与展开。环索开盘时易产生加速，导致弹开散盘，危及人员安全，因此开盘时须注意控制速度，防止崩盘。拉索展开过程中，为避免索体与地面或看台摩擦损伤，采用履带式起重机行走带动放索盘在高空旋转展索的方式展开拉索，并在看台台阶处铺设木垫板保护看台。

第三步：环索铺设。在拉索铺设位置的钢看台上，铺设木垫板，以保护拉索；在过渡区域，搭设脚手架支架平台。环索铺设顺序为：拉索装盘→起吊索盘和拉索悬于铺索平台上方约 500mm 处→在铺索平台上展开拉索一头并固定→在铺索平台和脚手架平台上移动放索。

第四步：索夹安装。将拉索在看台上展开，按事先在生产厂家做好记号的位置安装索夹。在上、下盖板将索固定住后，螺栓穿过螺栓孔按照斜对角交叉顺序进行初拧，初拧扭矩为终拧扭矩的 30%～50%。螺栓初拧完成后，用终拧扭矩把螺栓拧紧，终拧顺序同初拧。高强螺栓施拧时采用电动扳手。

（3）索网拉索安装

即上层承重索、上层稳定索、下层稳定索的铺设。将拉索在看台上展开后，应按照索体表面的顺直标线将拉索理顺，防止索体扭转。柔性索的柔度相对较好，在拉索安装和张拉的各道工序中，均应注意避免碰伤、刮伤索体。

（4）索网提升安装

采用型钢焊接操作平台，用吊机吊装至网壳支座节点处并固定。牵引工装索选用 1860 级 φ15.24 钢绞线。单根钢绞线的破断力为 260kN，满足 2 倍以上的安全系数。牵引提升系统包含 128 套牵引工装设备，共 256 台千斤顶，即每个索端设置一套牵引工装设备。一套牵引工装设备包括：2 台牵引千斤顶、挂架、油泵、钢绞线、反力架等。

拉索牵引提升采用同步提升系统，分级向上牵引工装索；牵引过程中应严格控制工装索长度，以此控制索网整体位形。模拟提升过程，进行提升全过程有限元分析。索网叉耳与网壳拉索耳板连接时，索网需要在空中停留一段时间。通过液压牵引提升装置的机械和液压自锁装置，可使索网稳定锁定在空中（或提升过程中）的任意位置。

（5）拉索牵引提升要点

先预紧提升的拉索，使牵引提升索与外压环耳板的距离达到同步张拉前的理论计算数值。对各提升的拉索实施同步分级张拉，张拉过程中，油压应缓慢、平稳，并确保径向索同步向网壳耳板靠近。张拉过程中，每个张拉点由 1～2 名工人看管，每台油泵由 1 名工人负责，并由 1 名技术人员统一指挥、协调管理。拉索张拉过程中若发现异常，应立即停止作业，查明原因，进行调整。

7.1.2 试验背景

悬索结构以一系列受拉的索作为主要承重构件，这些索按一定规律组成各种不同形式的体系并悬挂在相应的支承结构上。索一般采用由高强钢丝组成的钢绞线、钢丝绳或钢丝束，也可采用圆钢筋或带状薄钢板。悬索结构通过索的轴向拉伸来抵抗外荷载作用，可以最充分地利用钢索的强度。常用的悬索结构形式有：单层索系；双层索系；横向加劲单层索系－索梁体系；鞍形索网；组合式悬挂屋盖；斜拉式屋盖；索拱体系。

鞍形索网由同一曲面上两组曲率相反的单层悬索系统相交而成，两组单索在交点处用夹具连接成不能相对滑移的固定节点，形成一种负高斯曲率的曲面悬索结构。在正交索网中，具有正曲率下垂的索为主索，也称承重索；另一方向具有负曲率的索称为副索，或称稳定索，如图 7.29 所示。主索主要承受外荷载，副索主要使索网结构维持稳定，稳定副索位于承重主索之上，索网周边悬挂在强大的边缘构件上。在索网中，通常通过施加预应力使主索产生初张力，预应力加到足够大时，索网便具有很好的形状稳定性和刚度。在外荷载作用下，承重索和稳定索共同工作，并在两族索中始终保持张紧力。

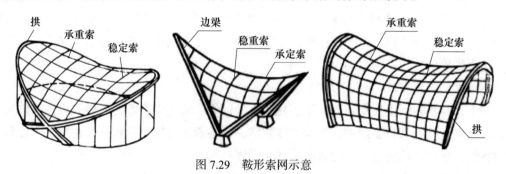

图 7.29　鞍形索网示意

索网曲面的几何形状取决于所覆盖的建筑物平面形状、支承结构形式、预应力的大小和分布以及外荷载作用等因素。预应力索网可以视为一张网式蒙皮，可以覆盖任意平面形状，绷紧并悬挂在任意空间的边缘构件上，因而索网的曲面几何形状可因上述各种条件改变而变化。索网结构形式多样，易于适应各种建筑功能和建筑造型的要求，屋面排水便于处理，加上工作性能方面的优点，使这种结构体系获得了长期的、较广泛的应用。

索网屋盖结构广泛用于标志性建筑的大跨度屋盖结构中。国外典型的索网结构应用案例有：1952 年建成的美国北卡罗来纳州 Dorton 体育馆，屋面为鞍形正交索网，平面投影为 91.5m×91.5m 的近圆形；日本建筑师丹下健三设计的代代木体育馆，屋盖采用了劲性索结构，由悬挂在两个塔柱上的两条中央悬索及两侧的两片索网组成；德国建筑师 Feri Otto 设计的德国大帐篷（Germen Pavilion），采用索作为索网的柔性边界，通过支承在不同高度上的双曲抛物面索网覆盖整个场馆。国内典型的索网结构应用案例有：天津大学健身房，作为国内第一个索网结构建筑，平面尺寸为 36.6m×24.6m，采用双曲抛物面索网，经历了 1976 年唐山大地震的考验，震后完好；浙江省人民体育馆，屋盖采用双曲抛物面鞍形索网，索网锚固在周围的钢筋混凝土空间曲梁上，曲梁支承在下部框架柱上；苏州奥体中心体育场和游泳馆，屋盖创新性地采用轮辐式单层索网柔性结构体系，钢结构屋盖呈马鞍形，最大跨度达到 260m；国家速滑馆主体为现浇钢筋混凝土结构，屋盖采用单层双向正交鞍形索网结构，南北向最大跨度为 198m，东西向最大跨度为 124m。

目前，对索网结构的研究主要集中在找形分析、静力和动力性能分析、索断和施工张拉模拟，而对于大跨度索网结构静力性能的试验研究还处于空白。结构试验是发展结构理论和识别结构设计问题的重要途径，有限元分析模型也需要基于试验结果进行校核和修正。为此，本次试验以西安国际足球中心体育场鞍形索网屋面为原型，建立 1∶10 缩尺试验模型，进行竖向全跨对称加载和半跨非对称静载试验，研究其静力性能，以期为同类结构在实际工程中的应用提供参考。

7.1.3　试验目的

西安国际足球中心体育场的柔性索网屋盖轮廓尺寸约为 203.0m×178.6m，马鞍面高差约 23.5m，是国内类似结构中跨度和规模最大的。考虑其工程规模大、施工难度高，陕西建工集团委托西安建筑科技大学与陕西省建筑科学研究院对该项目索网屋盖进行缩尺模型试验研究，为接下来的施工提供依据。国内外尚未有过类似规模的大型空间索网试验研究，本次试验填补了国内外"马鞍形双曲面"正交索网结构试验研究上的空白，对该领域的研究具有重要意义。本次试验的主要内容及创新点有以下五个方面。

（1）索网缩尺模型在左半跨、上半跨及全跨静力加载下的受力性能研究。

（2）静力荷载作用下拉索的内力及变形分析。

（3）静力荷载作用下索网结构下部支撑架的应力及变形分析。

（4）本次试验采用同步点阵数控加载装置，该系统以水作为试验的载荷，并结合现代自动化控制系统，实现点阵自动同步加载。

（5）本次试验采用 DACS-Measure 现场测量分析软件，将现场测量与精度分析相结合，测量现场即可对三维模型进行精度控制，更加快捷、准确地监测试验历程。

7.2　试验模型

7.2.1　模型设计

本试验以西安国际足球中心为基础，建立 1∶10 索网结构缩尺模型，模型外环尺寸为 20.3m×17.86m，内环尺寸为 11.5m×9.24m，马鞍面高差为 2.35m，如图 7.30 所示。考虑现场安装及加载的便利性，将索网外环梁的最低点距地面高度定为 1.5m，最高点距地面 3.85m。

下部支撑架的尺寸根据上部索网模型确定，架体内环平面尺寸同索网模型外环尺寸，即 20.3m×17.86m。为保证支撑架的稳定和承载性能，同时考虑到试验场地的限制，支撑架的外环由内环向外扩展 2.0m，即落地水平撑杆的长度为 2.0m，故架体外环平面尺寸为 22.3m×19.86m。

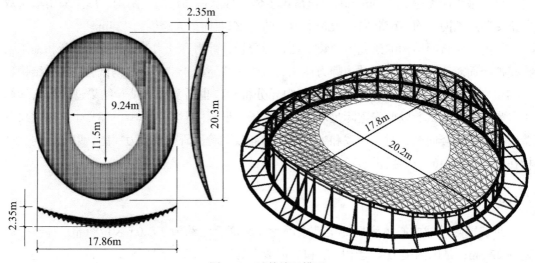

图 7.30　试件缩尺模型

支撑架高度随着索网模型的马鞍面起伏变化，支撑架最高点与最低点的高差为 2.35m。支撑架架体高度为 1.5～3.85m，各立柱通过系梁连成一个整体。斜撑的长度根据立柱及落地水平撑杆的长度确定。如图 7.31 所示。

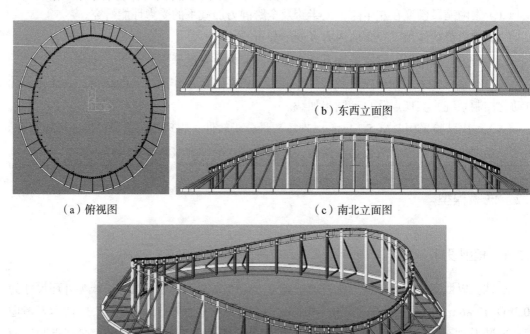

（a）俯视图　　　　　　　（b）东西立面图

（c）南北立面图

（d）轴测图

图 7.31　下部支撑架模型示意

　　根据实际工程项目设计图纸，按照 1：10 缩尺比例建立分析模型，进行结构计算和优化设计，确定缩尺模型的各种杆件。其中，内环索选用高钒索，直径为 26mm，弹性模量为 1.6×10^5MPa；吊索采用细钢丝，其余拉索均选用钢丝绳。在满足模型相似比条件下，结合市场上材料供应情况，索网构件具体规格见表 7.6。下部支撑架的外环梁选用 Q355 钢管，其他构件均采用 Q235 钢，以上材料的具体力学性能都由材料力学性能试验确定，下部支撑架构件具体规格见表 7.7。

索网构件规格　　　　　　　　　　　　表 7.6

模型构件	原型		1：10 缩尺模型		
	面积 /mm²	规格 /mm	面积 /mm²	钢丝绳规格 /mm	相似比
上层承重索	2920	ϕ65	30.4	ϕ9.3	1：62
	3890	ϕ75	38.5	ϕ11	1：68
	4420	ϕ80	47.5	ϕ12.5	1：65
	5000	ϕ85	47.5	ϕ12.5	1：62
	5600	ϕ90	57.5	ϕ13	1：70
	6990	ϕ100	68.4	ϕ15	1：65
上层稳定索	1710	ϕ50	17.1	ϕ7.7	1：74
	2490	ϕ60	23.3	ϕ9.3	1：65
	2920	ϕ65	30.4	ϕ9.3	1：62
	3890	ϕ75	38.5	ϕ11	1：68
	5000	ϕ85	47.5	ϕ12.5	1：62
	5600	ϕ90	57.5	ϕ13	1：52
下层稳定索	1390	ϕ45	17.1	ϕ7.7	1：60
	2490	ϕ60	23.3	ϕ9.3	1：65
	2920	ϕ65	30.4	ϕ9.3	1：62
环向索	37860	6×ϕ95	403	ϕ26（高钒索）	1：94
环梁	271296	ϕ1500×60/ϕ1500×50	5341	ϕ180×10.0	1：51
悬臂梁	700×1000×30×30 700×1000×20×20 700×500×30×30 500×500×20×20		HN 200×100×5.5×8		—

支撑架构件规格　　　　　　　　　　　　表 7.7

序号	模型构件名称	模型构件规格
1	地面外环	□ 200×8
2	地面内环	HW250×250×9×14

序号	模型构件名称	模型构件规格
3	立柱	$\phi203\times9$
4	圆管（水平撑及斜撑）	$\phi114\times5$
5	支撑架系梁	$\phi114\times5$
6	索网外环梁	$\phi180\times10$

索网与外环梁、索网索夹、索网与环索等连接节点的形式与构造应尽量与实际工程设计图纸接近，但缩尺后不可避免地会有一定的简化和调整，本试验遵循力学模型相似原则，经反复研究确定出多种既可以用于模型试验，又具有实际结构可实施性的比较合理的节点形式。具体节点设计如图 7.32～图 7.36 所示。

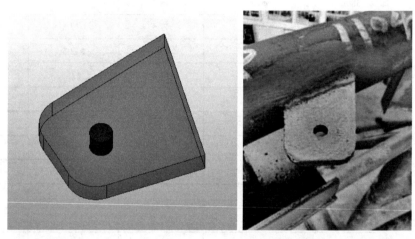

图 7.32　上层稳定索、承重索与外环梁的连接节点

图 7.33　下层稳定索与外环梁的连接节点

图 7.34　上层稳定索、承重索与内环拉索的索夹

图 7.35　正交索网索夹

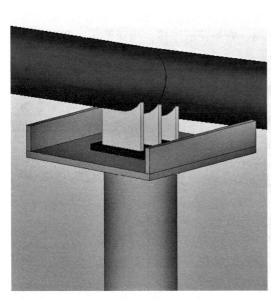

图 7.36　支座节点

7.2.2 索网安装及成形

1. 索网安装方案

依据模型试验设计方案,索网的安装顺序为:地面上确定内环索、正交索网位置,按照设计尺寸拼接内环索→钢丝绳下料→编织正交索网→安装上层索网及下层稳定索。

(1)内环索及索夹安装

内环索由两段ϕ26mm高钒索拼接而成,索夹位置根据索夹耳板孔与环梁耳板孔方向一致原则确定,通过红外线激光水平仪进行定位,如图7.37所示。

图 7.37 内环索拼接

(2)钢丝绳下料

根据 TEKLA 模型对所有的钢丝绳进行下料,钢丝绳端头压接接头并与索头连接,如图7.38所示。

确定钢丝绳下料长度以后,截断钢丝绳,安装花篮螺栓。当花篮螺栓两端螺杆调节至居中时为下料索长,如图7.39所示。

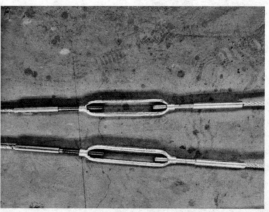

图 7.38 钢丝绳下料　　　图 7.39 花篮螺栓安装

（3）正交索网编织

在地面测量放线，确定索间距，与内环索连接处用索头固定，下层稳定索置于上层正交索网下侧，南北方向用 14 号铁丝模拟下层稳定索提升索，如图 7.40 所示。

图 7.40   正交索网编织

2. 索网牵引方案

整个索网分为上下两层，数量众多，包括 54 根上层承重索、46 根上层稳定索和 44 根下层稳定索。同时，要求索网同步牵引、张拉，这对张拉过程的控制及张拉设备的数量提出了较高的要求。试验过程中，根据分级分批张拉的基本原则，选用 128 根 18mm 的尼龙绳作为牵引索，对索网进行牵引及张拉施工。

本次试验索网牵引总共分为 8 级，根据 ANSYS 计算分析结果，对每一根牵引索做了刻度标记，整个牵引过程由 12 个对称分布的手拉葫芦控制，其余牵引索同步牵引。将整个索网划分为 A、B、C、D 四个区域，对每根牵引索进行编号，如图 7.41 所示，图中示意方位为试验室实际方位。由于此试验模型为 1/4 对称结构，故牵引索编号选取 1/4 结构区域，如图 7.42 所示；牵引索刻度标记如图 7.43 所示。

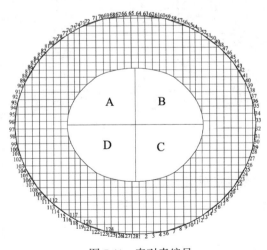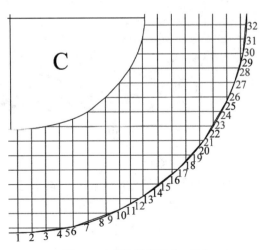

图 7.41   牵引索编号　　　　　　　　　图 7.42   牵引索编号（C 区）

图 7.43　牵引索刻度标记

（1）第一级索网牵引

根据牵引索标记刻度，将牵引索第一个标记刻度点牵引至外环梁耳板位置，进行第一级牵引，最外侧两圈部分正交索夹脱离地面。此阶段牵引索力较小，牵引过程完成较快，如图 7.44 所示。

（2）第二级索网牵引

根据牵引索标记刻度，将牵引索第二个标记刻度点牵引至外环梁耳板位置，进行第二级牵引，外面四圈正交索夹全部脱离地面。此阶段环梁及支座几乎未发生位移，如图 7.45 所示。

<table>
<tr><td style="text-align:center">图 7.44　第一级索网牵引完成</td><td style="text-align:center">图 7.45　第二级索网牵引完成</td></tr>
</table>

（3）第三级索网牵引

根据牵引索标记刻度，将牵引索第三个标记刻度点牵引至外环梁耳板位置，进行第三级牵引。此阶段正交索夹全部脱离地面，内环索未脱离地面，如图 7.46 所示。

（4）第四级索网牵引

实施第四级索网牵引之前，限制支座水平向及竖向位移，如图 7.47 和图 7.48 所示。

根据牵引索标记刻度，将牵引索第四个标记刻度点牵引至外环梁耳板位置，进行第四级牵引。牵引完成后，内环索完全脱离地面，整个索网呈碗状。此时内环索最低处距地面约0.25m，最高处距地面约0.5m，距地面平均高度约0.38m，如图7.49所示。

图 7.46　第三级索网牵引完成

图 7.47　限制支座径向位移

图 7.48　限制支座环向及竖向位移

图 7.49　第四级索网牵引完成

（5）第五级索网牵引

根据牵引索标记刻度，将牵引索第五个标记刻度点牵引至外环梁耳板位置，进行第五级牵引。此时内环索开始呈现马鞍形，内环索最低处距地面约0.66m，最高处距地面约0.94m，距地面平均高度约0.8m，如图7.50所示。

（6）第六级索网牵引

根据牵引索标记刻度，将牵引索第六个标记刻度点牵引至外环梁耳板位置，进行第六级牵引。此时内环索最低处距地面约0.94m，最高处距地面约1.38m，距地面平均高度约1.16m，如图7.51所示。

（7）第七级索网牵引

根据牵引索标记刻度，将牵引索第七个标记刻度点牵引至外环梁耳板位置，进行第七级牵引。此时内环索最低处距地面约1.44m，最高处距地面约1.84m，距地面平均高度约1.64m，如图7.52所示。

（8）第八级索网牵引

根据牵引索标记刻度，将牵引索第八个标记刻度点牵引至外环梁耳板位置，进行第八级牵引，固定上、下层索网索头，牵引过程全部完成。此时内环索最低处距地面约 2.35m，最高处距地面约 2.72m，距地面平均高度约 2.54m，如图 7.53 所示。

图 7.50　第五级索网牵引完成

图 7.51　第六级索网牵引完成

图 7.52　第七级索网牵引完成

图 7.53　第八级索网牵引完成

3. 索网张拉方案

上层索网全部牵引到位后，上层索网花篮螺栓调节余量为 80mm，参考其他工程的施工方案，本次试验张拉过程共分为四个等级，具体张拉步骤如表 7.8 所示。

索网张拉步骤　　　　　　　　　　　　　　　　　　　　　　表 7.8

编号	内容
GK-1	花篮螺栓缩进 30mm，至余量为 50mm
GK-2	释放支座固定约束，花篮螺栓继续缩进 30mm，至余量为 20mm
GK-3	花篮螺栓继续缩进 10mm，至余量为 10mm
GK-4	花篮螺栓继续缩进 10mm，至余量为 0，上层全部索网张拉到位

索网张拉顺序为：上层索网两侧索从两侧间隔向中间张拉，然后从中间间隔向两侧张拉，花篮螺栓调节就位；张拉剩余拉索，从两侧间隔向中间张拉，然后从中间间隔向两侧张拉，花篮螺栓调节到位。张拉顺序如图 7.54 所示。

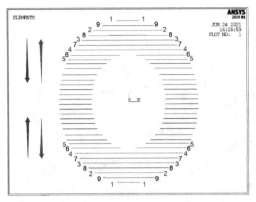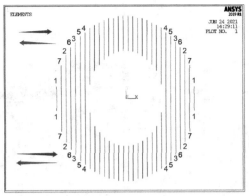

（a）上层索网两侧花篮螺栓调节就位

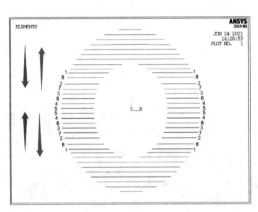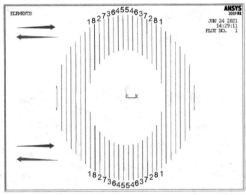

（b）调节剩余拉索

图 7.54　索网张拉顺序示意

（1）第一级张拉

根据张拉顺序，从索网两侧间隔向中间张拉，然后从中间间隔向两侧张拉，最后调节剩余拉索，此时所有花篮螺栓缩进 30mm。本级张拉完成后，内环索最低处距地面约 2.46m，最高处距地面约 2.86m，距地面平均高度约 2.66m，如图 7.55 所示。

（2）第二级张拉

实施第二级张拉之前，释放支座径向位移，如图 7.56 所示。在第一级张拉完成的基础上所有花篮螺栓继续缩进 30mm，完成第二级张拉。本级张拉完成后，内环索最低处距地面约 2.60m，最高处距地面约 3.04m，距地面平均高度约 2.82m，如图 7.57 所示。

（3）第三级张拉

第三级张拉是在第二级基础上所有花篮螺栓继续缩进 10mm。本级张拉完成后，内环索最低处距地面约 2.66m，最高处距地面约 3.11m，距地面平均高度约 2.89m，如图 7.58 所示。

（4）第四级张拉

第四级张拉在第三级基础上所有花篮螺栓继续缩进 10mm。本级张拉完成后，环索最低处距地面约 2.71m，最高处距地面约 3.16m，距地面平均高度约 2.94m，如图 7.59 所示。

至此，上层索网全部张拉完成，通过模拟膜面的 14 号铁丝来张拉下层索，完成整个索网模型的施工过程。如图 7.60 和图 7.61 所示。

图 7.55　索网第一级张拉完成

图 7.56　释放支座径向位移

图 7.57　索网第二级张拉完成

图 7.58　索网第三级张拉完成

图 7.59　索网第四级张拉完成

图 7.60　下层稳定索张拉完成

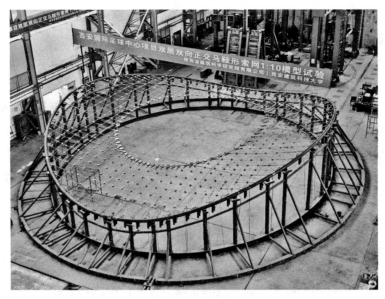

图 7.61 成形态索网

7.3 试验方案

本次试验拟加载索网模型跨度为 20.3m×17.86m，索夹有 500 多个，加载受力点经过简化和合并后共 120 个。由于加载点数量较多，若采用千斤顶＋分配梁的加载方式，两级荷载分配后仍有 30 个施力点，所需加载设备数量大、试验费用高，同时加载点最低处距地面仅 1.5m，分配梁设置不便。若采用堆载沙袋或挂载砝码加载，需要人工操作，不仅加载效率低，而且存在安全隐患。因此，本团队设计和研发了新型空间结构试验自动加载系统——同步点阵数控加载装置，并在西安国际足球中心屋盖索网结构承载力试验中首次使用。

7.3.1 新型加载系统验证性试验

本次试验采用新型空间结构试验自动加载系统。为验证和优化新型加载系统，保证索网试验加载顺利进行，在正式加载之前进行了验证性试验。验证试验采用的盛水容器、桶框、电磁阀、力传感器、分线器等元件规格及组装方式与正式加载相同，主要元件规格见表 7.9。

盛水容器为底部直径 750mm、高 1100mm 的圆柱形塑料水桶，放置在 680mm×680mm×1290mm（长×宽×高）的钢管桶架内，桶架尺寸及规格详见图 7.62 和表 7.10。桶架用挂钩与索夹相连，如图 7.63 所示；试验用分水器、分线器和力传感器如图 7.64～图 7.66 所示。

验证试验在 8m×6.5m 钢框架上进行挂载，选取 8 个点位加载测试（索网试验中 6～8 个点位为一个加载分组），如图 7.67 和图 7.68 所示。用工字钢夹将桶框挂在工字钢梁上，水桶和桶框总质量为 50kg，预期注水 200kg，单点最大加载为 250kg。通过验证性试验，对加载系统进行多次调试和优化，关注和解决了以下核心问题。

（1）自动同步加载。由于水桶分布及桶底标高的不同会造成不同点位进、出水速度的差异，因此，在控制程序设计时将"步进荷载"分为 10 小步进行，任意通道完成一小步加载后自动停止，等待所有通道完成该加载步后自动接续步进，当加载步数累积为 10 时，结束该级加载。设计保证了所有水桶可以匀速、缓慢地同步加载。

（2）任意比例、任意方向加载。加载系统启动后，加载软件会自动打开荷载比例表，用户可方便快捷地输入所有通道比例值，加载程序自动读取所有的加载比例值，实现加载点位任意比例同步加载。

（3）多种工况下任意通道组合加载。用户可在加载软件界面中勾选或填写任意需要的通道，被选通道执行用户加载命令。

（4）单点测试、快速卸载。除了多点同步自动加载，用户还可在加载软件中点击任意单个水桶，进行自由进水或出水。快速卸载功能可保证在可能发生危险的情况下（如结构濒临倾覆等），快速卸除水荷载。用户点击加载软件中的"卸载"按钮后，系统关闭所有进水阀，并立刻打开所有排水阀进行卸载。

（5）移动设备加载控制。在加载现场建立 Wi-Fi 局域网，可通过手机、平板等网络设备完成加载控制操作，可实时监控荷载情况等。

（6）实时显示时间－荷载／位移曲线。加载软件主界面的"曲线监测"，区可实时显示单个通道力数据或位移数据，可用于实时监测荷载和位移变化情况。

（7）数据自动记录。加载系统启动后，每次点击"荷载步进"，数据会自动保存在项目路径文件下，无须用户多次设置，避免数据遗漏。

主要元件规格　　　　　　　　　　　　　　　　　　　　　表 7.9

类型	商品名称	型号
传感器	大洋高精度 S 型拉压力传感器	0-500kg
吊环	M12 传感器附件吊环	M12
变送器	大洋拉力变送器	单路 4-20mA/24V
电磁水阀	德力西电磁阀水阀 220V 常闭开关	160-15 DC24 常闭
模拟量模块	CT-3238 8 通道模拟量输入模块	CT-3238
输出模块	CT-2718 8 通道继电器常开输出模块	CT-2718
总线耦合器	零点 CN-8033 EtherCAT I/O 模块	CN-8033
拉力信号分线器	引线式 8 位 M12 传感器分线器	单通道 PNP－8/15m
水阀信号分线器	引线式 8 位 M12 传感器分线器	单通道 无原件－6/15m
末端信号线接头	M12 直头 4/5 芯公头单端 PVC 连接线	直头公头 5 芯 5m

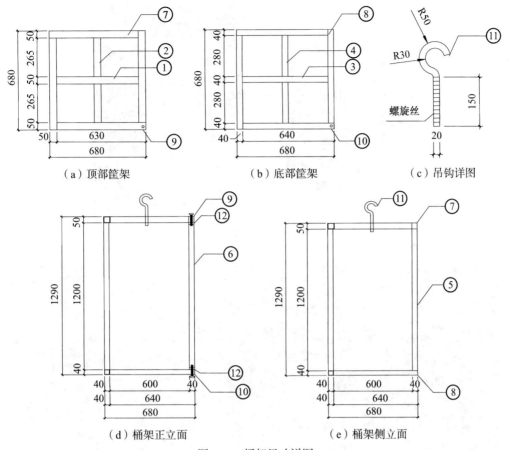

图 7.62　桶架尺寸详图

桶架构件规格　　　　　　　　　　　　　　　　　　　　　　　　　　　表 7.10

构件编号	截面 /mm（长×宽×厚）	数量 × 长度 /mm	材料	单件质量 /kg	总质量 /kg	备注（位置）
①	□ 50×50×3	1×580	Q235B	2.6	2.6	顶部十字架
②	□ 50×50×3	2×265	Q235B	1.2	2.4	顶部十字架
③	□ 40×40×2.5	1×600	Q235B	1.8	1.8	底部十字架
④	□ 40×40×2.5	2×280	Q235B	0.8	1.6	底部十字架
⑤	□ 40×40×2.5	3×1200	Q235B	3.5	10.5	竖向钢管
⑥	□ 40×40×2.5	1×1168	Q235B	3.5	3.5	竖向钢管
⑦	□ 50×50×3	3×630	Q235B	2.8	8.4	竖向钢管
⑧	□ 40×40×2.5	3×640	Q235B	1.9	5.7	底部十字架
⑨	□ 50×50×3	1×630	Q235B	2.8	2.8	竖向钢管
⑩	□ 40×40×2.5	1×640	Q235B	1.9	1.9	竖向钢管
⑪	直径 20	360		0.9	0.9	挂钩
⑫	M16	2×90		0.2	0.4	螺栓
试件总质量（kg）					44.8	

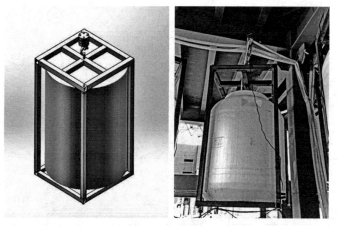

图 7.63　单点挂配重三维模型及挂载现场

 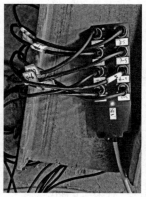 

图 7.64　分水器　　　　图 7.65　分线器　　　　图 7.66　力传感器

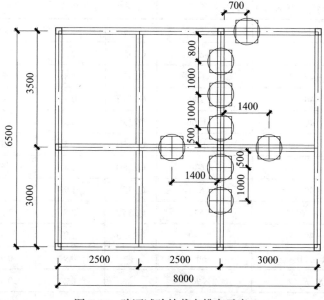

图 7.67　验证试验挂载点排布示意

188

图 7.68　验证试验挂载现场

7.3.2　水电管网布置

在实验室内搭建给水排水及电气管线，其平面布置如图 7.69 和图 7.70 所示。在支撑架的中间搭设进、出水环管，环管上设置 18 个分水器，每个分水器控制 6～8 个水桶的进、出水。水源取自校区室外供水管网，出水管接室外绿化草坪。

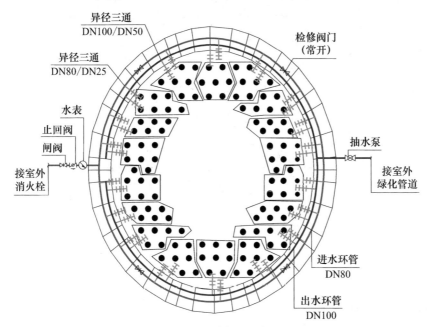

图 7.69　给水排水平面布置图

给水、排水管道均采用 PE 塑料管，电热熔连接，压力为 1.0MPa，进水主管径为 DN80，排水主管径为 DN100；使用离心管道泵辅助排水，流量为 89m³/h，扬程为 10m；自制分水器管道采用镀锌钢管，丝扣连接。如图 7.71 所示。

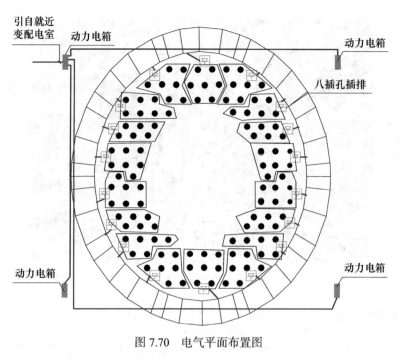

图 7.70　电气平面布置图

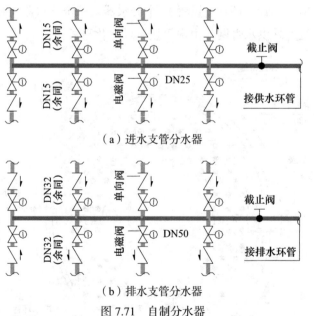

（a）进水支管分水器

（b）排水支管分水器

图 7.71　自制分水器

7.3.3　试加载点布置

西安国际足球中心索网结构屋盖试验共布置 120 个加载点，在上层承重索与稳定索交汇索夹处隔跨挂水配重，根据索网高度及加载点预期最大下降高度对加载点进行分区，加载点排布及分区方案如图 7.72 所示，同一区域内水桶初始底标高一致。索网结构挂载三维模型如图 7.73 所示。

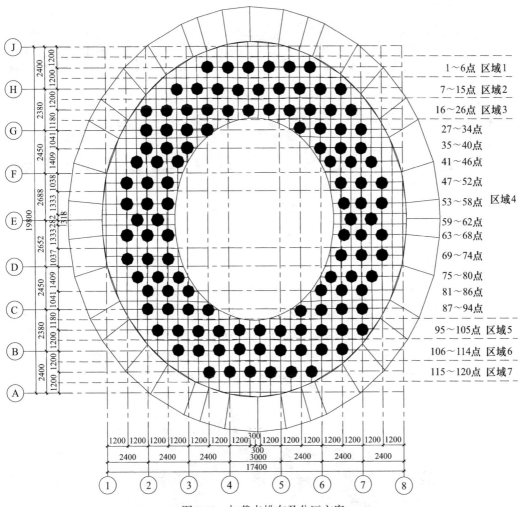

图 7.72　加载点排布及分区方案

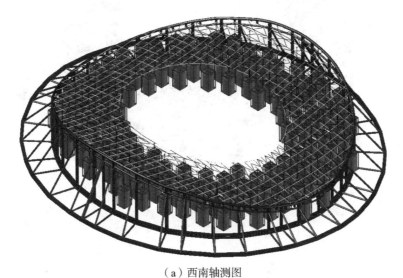

（a）西南轴测图

图 7.73　索网结构挂载三维模型（一）

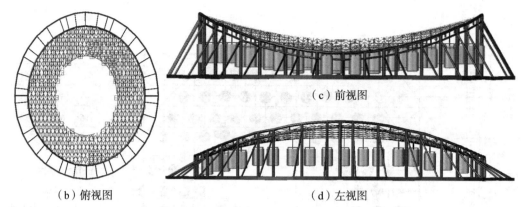

（b）俯视图　　　　　　　　　　　　　（d）左视图

图 7.73　索网结构挂载三维模型（二）

7.3.4　加载控制系统布置

本试验设计了 4 个从站，从距离上位计算机最近的从站开始顺时针编号，每个从站连接约 30 组水阀和力传感器，所有通道编号为 1～120 号。4 个控制电箱分别放置在试件四角，分别管控 1/4 的加载点位，电磁阀和力传感器通过电缆分别连接至电箱内的控制模块和数据采集模块，电箱通过网线连接至控制 PC。加载系统整体三维模型如图 7.74 所示，单个控制分组三维模型如图 7.75 所示，现场布置情况如图 7.76 所示。

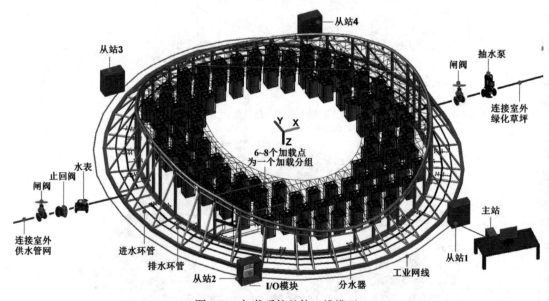

图 7.74　加载系统整体三维模型

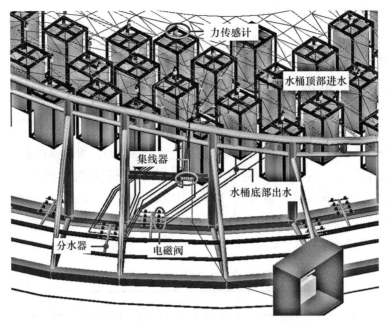

图 7.75　单个控制分组三维模型

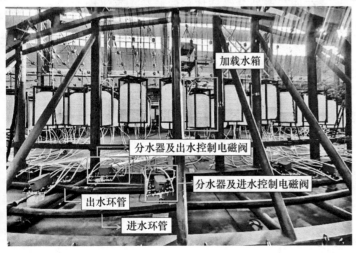

图 7.76　加载系统现场布置

7.3.5 加载方案

1. 荷载补偿

本试验以 1:10 比例建立索网结构缩尺模型，需进行荷载补偿。按照等应力原则，缩尺模型与实际结构相比，构件的应力、整体稳定性和极限承载力系数相同，节点位移比值为 1:10，索的拉力比值为 1:100。

此外，构件长度缩小到 1/10，构件的面积缩小到 1/100，而结构自重缩小到 1/1000。设实际结构重量为 a，在保证结构应力不变的原则下，缩尺模型结构重量应该为 $a/100$，但是按照长度 1:10 缩尺后模型重量只有 $a/1000$，少了（$a/100-a/1000$）= $9a/1000$，即 9 倍模型重量。为真实反映原结构的受力情况，对模型进行 9 倍自重荷载的补偿，试验荷载统计如表 7.11 所示。

试验荷载统计   表 7.11

原结构		缩尺模型	
索网重量	≈758000kg	拉索+索夹质量	≈3000kg
		水桶+桶架质量（等代补偿荷载）	≈50kg（每 1.2m×1.2m）
索网面积	≈20000m²	索网面积	≈200m²
恒荷载	38kg/m²	恒荷载	50kg/m²
活荷载	50kg/m²	预期施加外荷载（3 倍荷载设计值）	350kg/m²
荷载设计值 1.4（恒+活）	123kg/m²		

2. 加载方案

第一步，对索进行预张拉，使索产生预拉力，结构形成一定刚度；第二步，挂置水桶和桶框进行自重荷载补偿；第三步，在加载点处分级施加竖向荷载，每级增加荷载 30kg，当拉索实测轴力达到材性测试破断力的 70% 时停止加载。拟采取以下三种荷载布置方案。

（1）全跨加载

全跨所有加载点处分级施加荷载至 550kg，如图 7.77 所示。

（2）上半跨加载

上半跨加载点处分级施加荷载至 550kg，不拆除右半跨水桶和桶架，即补偿荷载在加载过程中全跨布置并保持不变，如图 7.78 所示。

（3）右半跨加载

右半跨加载点处分级施加荷载至 550kg，不拆除下半跨水桶和桶架，即补偿荷载在加载过程中全跨布置并保持不变，如图 7.79 所示。

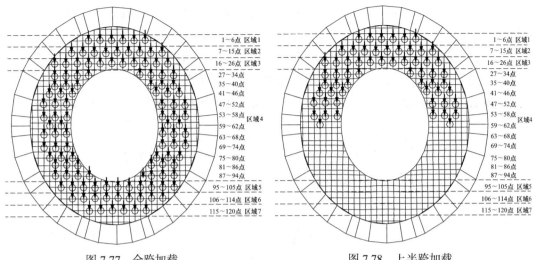

图 7.77　全跨加载　　　　　　　　　　　图 7.78　上半跨加载

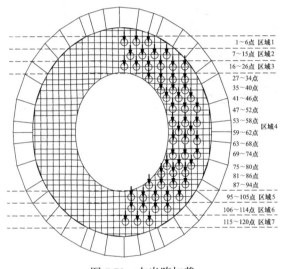

图 7.79　右半跨加载

7.3.6　常规测量方案

1. 变形测量

根据索网的对称性，位移测点可对称布置，本试验共设置 16 个位移测点（编号 D1~D16），如图 7.80 所示。位移计固定在桶框下部或侧面，桶底标高较低的 D9 和 D1 位移测点处采用直线式位移传感器，其余测点处均采用拉线式位移传感器。根据结构试验场地实际情况，采用垫块搭设多个位移计固定平台。

2. 应变测量

结构试验时，应变测点的布置应遵循以下原则布置：

（1）在满足试验目的的前提下，测点宜少不宜多，以使试验工作重点突出。

（2）测点的位置必须有代表性，便于分析和计算。

（3）为保证测量数据的可靠性，应布置一定数量的校核测点，以便判断测量数据的可靠程度。

（4）测点的布置应该安全，且为了测试方便，测点布置应适当集中，便于单人管理多台仪器。控制部位的测点如处于有危险的部位，应考虑妥善的安全措施。

依据有限元分析结果，本试验应变片主要布置在环梁应变较大处，如图 7.81 所示。

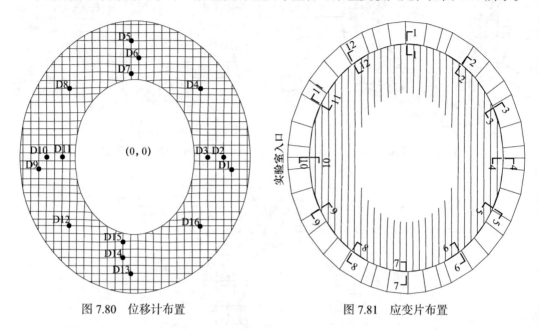

图 7.80　位移计布置　　　　　　　图 7.81　应变片布置

3. 索力测量

索力计布置在部分拉索端部，编号及分布如图 7.82 所示。

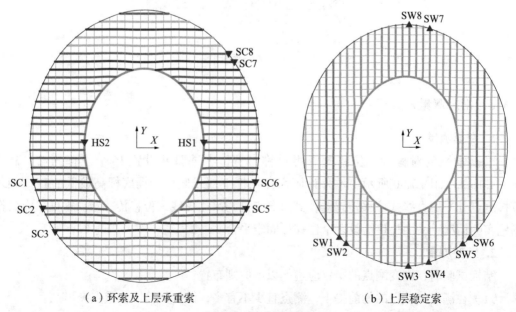

（a）环索及上层承重索　　　　　　（b）上层稳定索

图 7.82　索力计布置

7.3.7　DACS-Measure 测量方案

大型空间结构整体模型试验数据测量和采集应实现自动化、数字化、三维化。本次试验测量采用了青岛海徕天创科技有限公司的 DACS-Measure 测量系统，采用激光扫描仪结合 SCENE、DACS-Measure 等测量分析软件对结构进行数字化三维测量。在试验加载过程中，每两级加载结束后对约 400 个索夹进行扫描和定位，获取结构模型三维点位坐标，同时利用位移计数据对三维模型进行精度控制，确保试验全流程中的精准测量。这种测量方式的特点包括：

（1）可导入分段设计三维模型，现场测量更加直观可靠。

（2）测量精度高，速度快，测距范围大，可从几米到几十米甚至上百米，同时支持全站仪种类多，附件种类齐全，能够满足各种特殊工作环境需求。

（3）无须测站坐标，随意架站（架设全站仪只需整平，无须对中），随意搬站，轻松测量隐蔽点，数据自动记录，操作简单。

（4）软件支持多种坐标轴创建方式及多种坐标系转换算法，现场可快速进行实测点位与设计点位的检核及精度控制。

测量系统的设备附件如图 7.83 所示。结构空间坐标测量采用三维激光扫描仪，测量速度快、精度高，能在几十分钟内完成构件的扫描。三脚架用来固定和架设扫描仪，以达到预期扫描效果；三脚架的定位非常重要，本次试验测量设备架设于索网中间高约 5m 的平台上，如图 7.84 所示。标靶是在扫描场景中特征点不好寻找时，放置在扫描场景中，以便实现激光扫描点云数据的转换、不同测站激光扫描仪测量坐标系的统一。隐蔽杆可用来测量被遮挡的观测点，通过测量隐蔽杆上的两点，DACS 可自动计算出隐蔽杆尖所确定的隐蔽点的坐标。每两级加载结束后，对所有索夹进行扫描定位，现场实时扫描情况如图 7.85 所示。

（a）三维激光扫描仪　　　　　　　　　　　　（b）三脚架

图 7.83　测量系统设备附件（一）

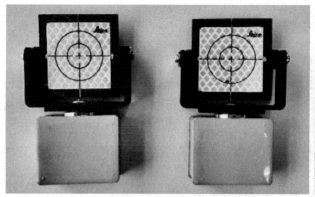 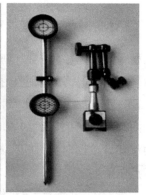

（c）标靶　　　　　　　　　　　　　　　　　　　　（d）隐蔽杆

图 7.83　测量系统设备附件（二）

图 7.84　测量设备安装

图 7.85　现场实时扫描

　　为实时观测试件在整个加载过程中的变形情况，本次试验采用海康威视 400W 球机监控摄像头＋萤石云视频监控软件，实现试验加载过程的远程实时观测和记录。试件上空共布置 5 个球机监控摄像头，分别位于实验室的东北角、东南角、西北角、西南角以及试件正中上空，监控视图如图 7.86（a）～（d）所示。在试件中部地面上放置一个立式摄像头，并在观测点位的桶框底部布置可滑动标尺，用于实时监测索网洞口预期最大变形处的位移变化情况，监控视图如图 7.86（e）所示。

（a）东北角　　　　　　　　　　　　　　　（b）东南角

（c）西北角　　　　　　　　　　　　　　　（d）西南角

（e）试件中部

图 7.86　监控视图

7.4 试验结果及分析

7.4.1 全跨加载试验结果

由于桶框制作误差以及水桶高度差等因素，水桶近乎完全卸载时，各加载点位水桶和桶框初始总重量有 100N 左右的差别，故预先将所有水桶注入少许水，将每个水桶和桶框总重量达到 650N 作为初始状态，加载点处分级施加竖向荷载，每级增加荷载 300N。每级加载结束后，停止 30min 左右，采用激光扫描仪测量所有索夹点位三维坐标。选中所有加载点通道，"步进荷载"设置为 300N，荷载随时间变化曲线如图 7.87 所示。

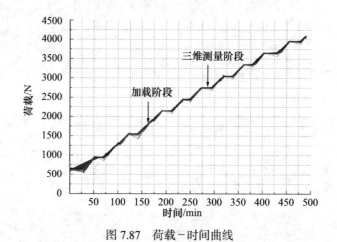

图 7.87 荷载-时间曲线

由图 7.87 可看出，所有点位均匀、稳定地同步加载，每一级加载用时约 25min，图中平台段为扫描测量时段，一些点位出现荷载轻微下降的情况，这是由于部分电磁阀的质量缺陷造成了少量漏水。将 61 点和 99 点处位移计接入加载控制系统，可实时观测到位移变化情况，如图 7.88 所示。现场可观察到，索网沿纵向发生明显变形，水桶水量和对应纵向变形情况如图 7.89 所示。

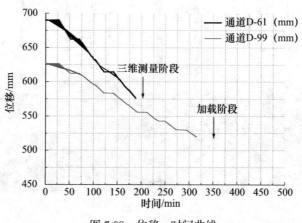

图 7.88 位移-时间曲线

　　（a）加载初始状态（650N）　　　　　　　　（b）第 6 级加载（2150N）

　　（c）第 9 级加载（3050N）　　　　　　　　（d）第 13 级加载（4100N）

图 7.89　水桶水量和洞口右边缘纵向变形情况

　　初始状态下所有点位荷载稳定在 650N；第 6 级加载到达后，所有点位力值稳定在目标力值 2150N 附近，最大差值为 -21N（-0.97%）；第 9 级（3050N）加载到达后，所有加载点位达到目标力值 3050N 左右，最大差值为 -19N（-0.62%）；第 12 级加载结束后，所有加载点位力值均稳定在 3950N 左右，差值范围为 -17～13N（-0.43%～0.33%），各加载级力值状态界面如图 7.90 所示。

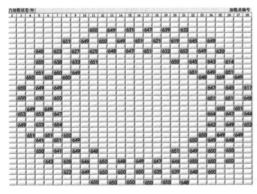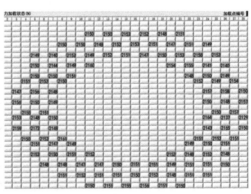

　　（a）初始状态（650N）　　　　　　　　（b）第 6 级荷载（2150N）

图 7.90　加载点力值状态界面（一）

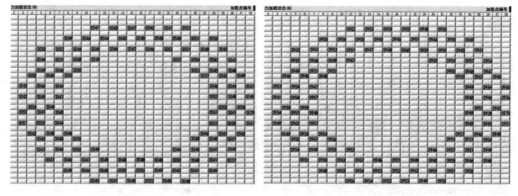

（c）第 9 级荷载（3050N）　　　　　　　（d）第 12 级荷载（3950N）

图 7.90　加载点力值状态界面（二）

　　初始状态时，上层承重索实测轴力值在破断力的 13%～25% 之间，上层稳定实测轴力值在破断力的 19%～35% 之间。随着荷载增加，索力呈几乎线性的变化趋势，如图 7.91 所示。索网中部承重索的轴力增长速率略小于洞口边缘以外的通长承重索。与之相反，索网中部上层稳定索的轴力增长速率大于洞口边缘以外的通长稳定索。

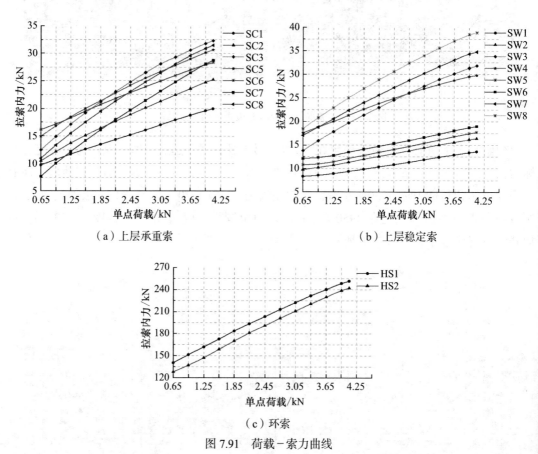

（a）上层承重索　　　　　　　　　　　（b）上层稳定索

（c）环索

图 7.91　荷载－索力曲线

　　单点加载至 4.1kN，此时上层稳定索 SW7 轴力达到拉索破断力的 70%，故停止加载。

加载终止状态，上层承重索轴力值为破断力的 27%～66%，应力最大拉索 SC3 达到破断力的 66%；位于索网上边缘至洞口上边缘中部偏下位置，与其对称的承重索 SC7 达到破断力的 59%。上层稳定索轴力值为破断力的 37%～71%，应力最大拉索 SW7 达到破断力的 71%；位于索网中轴附近偏右位置，其对称位置拉索 SW4 达到破断力的 61%。上层稳定索轴力最大为 SW8，位于索网中轴线，最终达到破断力的 53%，有较大的安全富余。

初始状态及终止状态索力值如表 7.12 所示。

初始状态及终止状态索力值 表 7.12

索编号	直径 /mm	破断力 F_u/kN	初始状态索力 F_1/kN	$\dfrac{F_1}{F_u}$	终止状态索力 F_2/kN	$\dfrac{F_2}{F_u}$
SC1	13	73.50	9.72	0.13	19.97	0.27
SC2	12.5	69.85	10.46	0.15	25.24	0.36
SC3	11	49.00	12.46	0.25	32.31	0.66
SC5	12.5	69.85	14.95	0.21	30.64	0.44
SC6	13	73.5	16.15	0.22	28.33	0.39
SC7	11	49.00	7.69	0.16	28.72	0.59
SC8	12.5	69.85	10.95	0.16	31.49	0.45
SW1	9.3	36.99	8.34	0.23	13.60	0.37
SW2	9.3	36.99	9.76	0.26	16.36	0.44
SW3	13	73.50	13.78	0.19	31.83	0.43
SW4	11	49.00	17.56	0.36	29.78	0.61
SW5	9.3	36.99	10.79	0.29	17.69	0.48
SW6	9.3	36.99	12.14	0.33	18.95	0.51
SW7	11	49.00	17.00	0.35	34.77	0.71
SW8	13	73.50	18.43	0.25	38.85	0.53
HS1	26	592	140.28	0.24	251.72	0.43
HS2	26	592	127.82	0.22	242.19	0.41

在整个加载过程中，索网结构沿高度方向发生明显变形，如图 7.92 所示。纵向变形呈几乎线性的变化趋势，最大变形发生在对称布置的 D3 和 D11 位移计点位处，即索网短轴方向洞口左、右边缘处，右半跨最大纵向变形为 218mm，约为短跨悬挑跨度（不计洞口长度）的 1/19。

索网结构沿 X 向、Y 向发生轻微变形。随着荷载的增加，沿索网短轴方向出现指向洞口外的 X 向变形，越靠近洞口边缘变形越大。由于制作误差，试件非完全对称，鞍形索网右边翘起高度略高于左边，使得右半跨沿 X 向变形大于左半跨，洞口右边缘 X 向最大变形达到 92mm，左边缘最大变形为 42mm；沿索网长轴方向出现指向洞口内的 Y 向微小变形，洞口上边缘最大 Y 向变形为 21mm，下边缘最大变形为 15mm。整体变形趋势为短轴方向洞口外扩，长轴方向洞口轻微向内收。整体变形情况如图 7.93 所示。

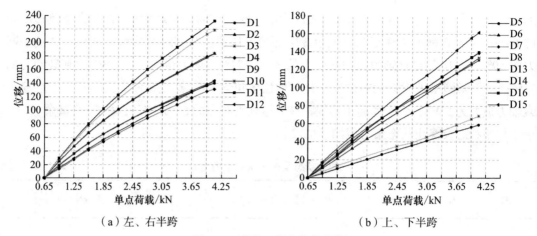

（a）左、右半跨　　　　　　　　　　　　（b）上、下半跨

图7.92　荷载－竖向位移曲线

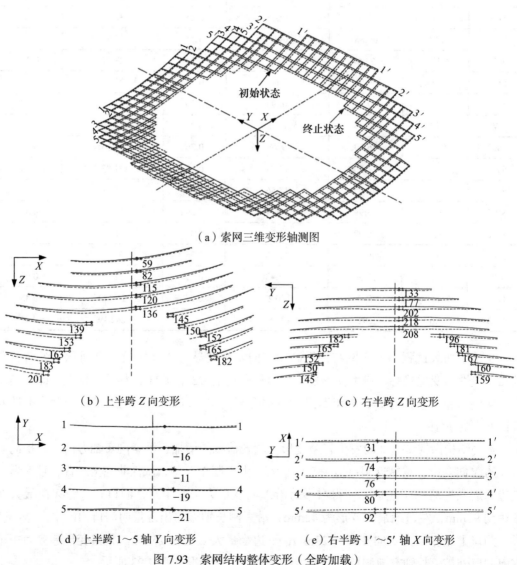

（a）索网三维变形轴测图

（b）上半跨Z向变形　　　　　　　　　　（c）右半跨Z向变形

（d）上半跨1～5轴Y向变形　　　　　　　（e）右半跨1′～5′轴X向变形

图7.93　索网结构整体变形（全跨加载）

7.4.2　上半跨加载试验结果

选中上半跨加载点通道，"步进荷载"设置为300N。荷载随时间变化曲线如图7.94所示，每个加载阶段，所有加载点位力值随时间呈现近似匀速直线的增长趋势，每一级加载用时20min左右。加载点61和99位移实时变化情况如图7.95所示，加载点99位于索网洞口下边缘，桶底标高随时间缓慢增长；加载点61位于索网洞口右边缘，桶底标高随时间快速下降，现场可观测到明显变形情况，如图7.96所示。

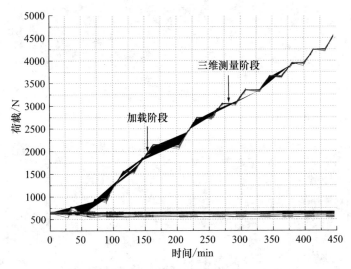

图7.94　荷载－时间曲线

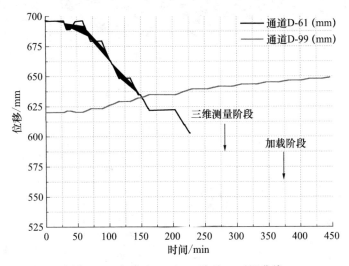

图7.95　加载点61和99位移－时间曲线

初始状态下所有点位荷载稳定在650N；第6级加载到达后，所有点位力值稳定在目标力值2150N附近，最大差值为39N（1.81%）；第9级加载到达后，各点位达到目标力值3050N左右，最大差值为−29N（−0.95%）；最终加载结束后，所有加载点位力值均稳定在4550N左右，差值范围 −14～7N（−0.31%～0.15%）。加载点力值状态界面如图7.97所示。

（a）加载初始状态（650N）

（b）第6级加载（2150N）

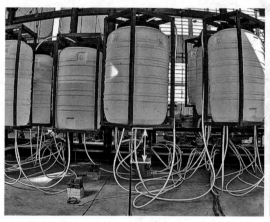

（c）第9级加载（3050N）

（d）第14级加载（4550N）

图7.96　洞口右边缘纵向变形

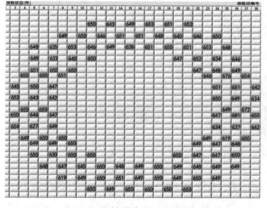

（a）初始状态（650N）

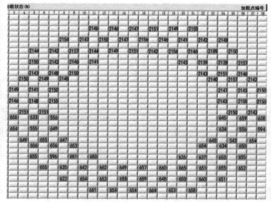

（b）第6级荷载（2150N）

图7.97　加载点力值状态（一）

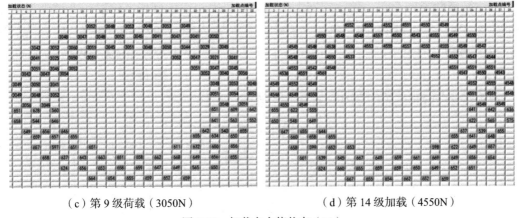

（c）第 9 级荷载（3050N）　　　　　　　　（d）第 14 级加载（4550N）

图 7.97　加载点力值状态（二）

将单点荷载 0.65kN 作为初始状态，此时上层承重索实测轴力值在破断力的 14%～24% 之间，上层稳定实测轴力值在破断力的 19%～35% 之间。随着荷载增加，索力呈几乎线性的变化趋势，如图 7.98 所示。洞口上边缘以外承重索 SC7、SC8 轴力增长较快，上半跨中轴线附近稳定索 SW7、SW8 轴力增长较快。

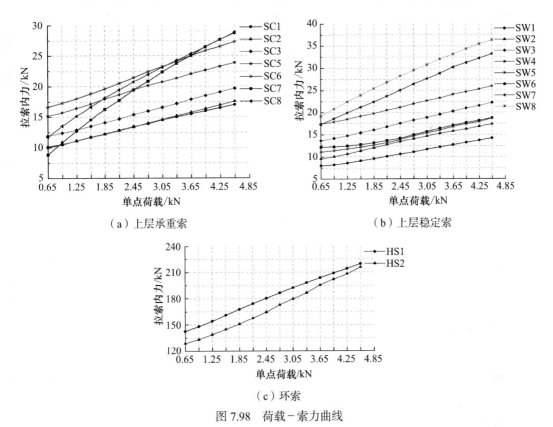

（a）上层承重索　　　　　　　　　　（b）上层稳定索

（c）环索

图 7.98　荷载-索力曲线

单点加载至 4.55kN，拉索内力最大达到破断力的 68%，此时部分较小的水桶几乎充满水，故停止加载。加载终止状态，上层承重索轴力为破断力的 23%～59%；应力最大的

SC7 索达到破断力的 59%，位于索网上边缘至洞口上边缘中部偏下位置；下半跨与其对称的拉索 SW3 达到破断力的 40%。上层稳定索轴力为破断力的 30%～68%；应力最大的 SW7 达到破断力的 68%，位于索网中轴附近偏右位置；下半跨对称拉索 SW4 达到破断力的 53%。

初始状态及终止状态的索力值如表 7.13 所示。

初始状态及终止状态索力值　　　　　　　　　　　　　　　表 7.13

索编号	直径 /mm	破断力 F_u/kN	初始状态索力 F_1/kN	$\dfrac{F_1}{F_u}$	终止状态索力 F_2/kN	$\dfrac{F_2}{F_u}$
SC1	13	73.50	10.02	0.14	17.02	0.23
SC2	12.5	69.85	10.18	0.15	17.58	0.25
SC3	11	49.00	11.99	0.24	19.69	0.40
SC5	12.5	69.85	15.16	0.22	23.86	0.34
SC6	13	73.50	16.62	0.23	27.32	0.37
SC7	11	49.00	8.85	0.18	28.75	0.59
SC8	12.5	69.85	11.74	0.17	28.84	0.41
SW1	9.3	36.99	8.03	0.22	14.23	0.38
SW2	9.3	36.99	9.57	0.26	17.37	0.47
SW3	13	73.50	13.67	0.19	22.27	0.30
SW4	11	49.00	17.38	0.35	25.98	0.53
SW5	9.3	36.99	11.11	0.30	18.71	0.51
SW6	9.3	36.99	12.19	0.33	18.79	0.51
SW7	11	49.00	17.31	0.35	33.21	0.68
SW8	13	73.50	19.13	0.26	36.33	0.49
HS1	26	592.00	142.47	0.24	219.67	0.37
HS2	26	592.00	128.61	0.22	215.61	0.36

上半跨加载过程中，索网结构沿高度方向变形呈几乎线性的变化趋势，如图 7.99 所示。索网上半跨明显下沉，下半跨有轻微翘起，最大变形发生在洞口上边缘往下 1/4 洞口边缘处，最大纵向变形为 228mm，约为短跨悬挑跨度的 1/19（不计洞口长度）。

索网结构沿 X 向、Y 向发生轻微变形。沿索网短轴方向。出现指向洞口外的 X 向变形，右半跨最大变形为 69mm，左半跨最大变形为 34mm。沿索网长轴方向的 Y 向变形主要发生在上半跨，最大变形在洞口上边缘达到 22mm；下半跨沿 Y 向变形很小，可忽略不计。整体变形趋势为短轴方向洞口外扩，长轴方向洞口上半部分轻微内收。整体变形情况如图 7.100 所示。

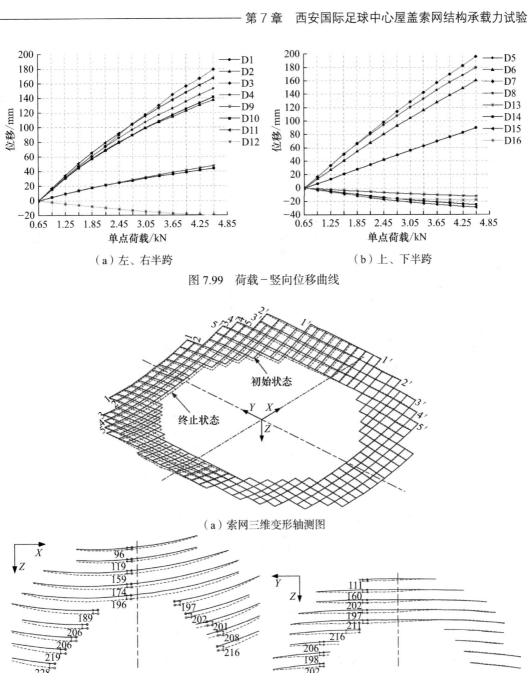

（a）左、右半跨 （b）上、下半跨

图 7.99 荷载－竖向位移曲线

（a）索网三维变形轴测图

（b）上半跨 Z 向变形 （c）右半跨 Z 向变形

（d）上半跨 1～5 轴 Y 向变形 （e）右半跨 1'～5' 轴 X 向变形

图 7.100 索网结构整体变形（上半跨加载）

7.4.3 右半跨加载试验结果

将单点荷载 650N 作为初始状态，此时上层承重索实测轴力值在破断力的 14%～28% 之间；上层稳定实测轴力值在破断力的 20%～40% 之间。随着荷载增加，索力呈几乎线性的变化趋势，如图 7.101 所示。越靠近索网边缘的上层，承重索轴力增长越快；越靠近索网中部的上层，稳定索轴力增长越快。

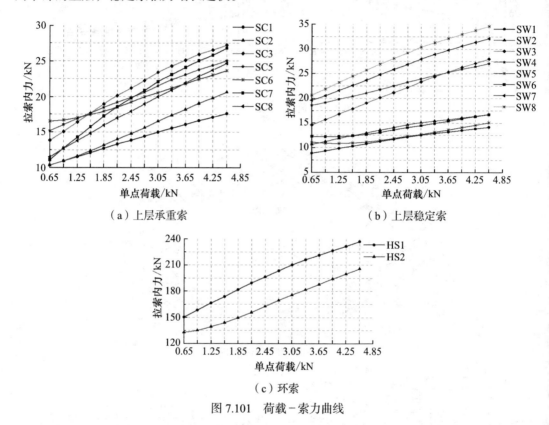

（a）上层承重索　　　　　　　　　　　（b）上层稳定索

（c）环索

图 7.101　荷载－索力曲线

单点加载至 4.55kN，拉索内力最大达到破断力的 66%，停止加载。上层承重索轴力值为破断力的 24%～56%；应力最大 SC3 索达到破断力的 56%；与其对称的拉索 SC7 索达到破断力的 55%，位于索网边缘至洞口边缘中部偏内。上层稳定索轴力值占破断力的 38%～66%；应力最大 SW7 索达到破断力的 66%，位于索网中轴附近偏右位置；对称拉索 SW4 达到破断力的 55%。

初始状态及终止状态索力值如表 7.14 所示。

初始状态及终止状态索力值　　　　　　　　　　　表 7.14

索编号	直径/mm	破断力 F_u/kN	初始状态索力 F_1/kN	$\dfrac{F_1}{F_u}$	终止状态索力 F_2/kN	$\dfrac{F_2}{F_u}$
SC1	13	73.50	10.35	0.14	17.62	0.24
SC2	12.5	69.85	10.36	0.15	20.60	0.29

续表

索编号	直径/mm	破断力 F_u/kN	初始状态索力 F_1/kN	$\dfrac{F_1}{F_u}$	终止状态索力 F_2/kN	$\dfrac{F_2}{F_u}$
SC3	11	49.00	13.83	0.28	27.23	0.56
SC5	12.5	69.85	15.19	0.22	25.01	0.36
SC6	13	73.50	16.51	0.22	23.62	0.32
SC7	11	49.00	11.10	0.23	26.78	0.55
SC8	12.5	69.85	11.50	0.16	24.64	0.35
SW1	9.3	36.99	8.87	0.24	14.15	0.38
SW2	9.3	36.99	10.65	0.29	16.76	0.45
SW3	13	73.50	14.58	0.20	27.96	0.38
SW4	11	49.00	18.58	0.38	27.03	0.55
SW5	9.3	36.99	11.09	0.30	15.11	0.41
SW6	9.3	36.99	12.25	0.33	16.73	0.45
SW7	11	49.00	19.61	0.40	32.12	0.66
SW8	13	73.50	20.62	0.28	34.61	0.47
HS1	26	592	150.37	0.25	236.99	0.40
HS2	26	592	132.79	0.22	205.67	0.35

右半跨加载过程中，索网结构纵向变形呈几乎线性的变化趋势，如图7.102所示。索网右半跨明显下沉，左半跨有轻微翘起，变形最大的位置在右半跨的D3位移计点位处，即索网短轴方向洞口右边缘处，最大纵向变形为306mm，约为短跨悬挑跨度的1/14（不计洞口长度）。

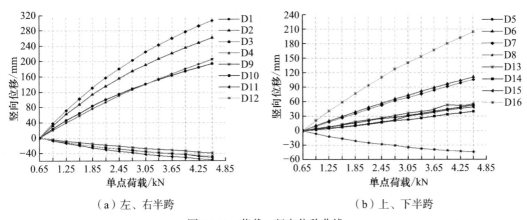

（a）左、右半跨   （b）上、下半跨

图7.102 荷载-竖向位移曲线

索网结构 X 向变形主要发生在右半跨，越靠近洞口边缘变形越大；最大变形发生在洞口边缘的中轴线两侧，达到160mm，指向洞口外。左半跨 X 向变形指向洞口内，最大变形为16mm；沿索网长轴方向，越靠近洞口边缘，Y 向变形越大。最大变形发生在洞口上、

下边缘的中轴线右侧，上边缘最大变形为 23mm，下边缘最大变形为 14mm。整体变形趋势为沿短轴方向整体向右偏移，洞口右边缘外扩明显，长轴方向洞口轻微内收。整体变形情况如图 7.103 所示。

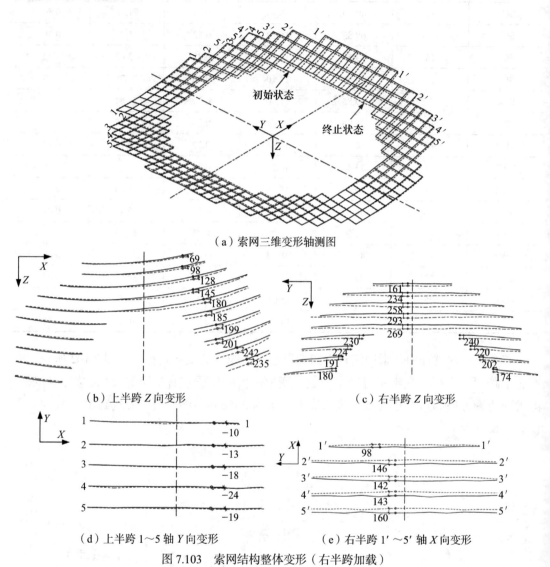

（a）索网三维变形轴测图

（b）上半跨 Z 向变形　　　　　　　　　（c）右半跨 Z 向变形

（d）上半跨 1～5 轴 Y 向变形　　　　　（e）右半跨 1′～5′ 轴 X 向变形

图 7.103　索网结构整体变形（右半跨加载）

7.5　有限元分析

7.5.1　有限元计算模型

1. 荷载施加

对拉索采取设置初始应变的方法来模拟预应力作用，初始预应力平衡完毕后，再施加竖向荷载作用，索的预张拉应变荷载如表 7.15 所示。首先，对索施加预拉力，结构形成一定刚度；第二步，施加结构的自重荷载；第三步，在上层索加载点处分步施加竖直方向节点加载。分别采用全跨加载、上半跨加载、右半跨加载三种加载方式，如图 7.104 所示。

拉索规格及对应的预张拉应变荷载　　　　　　　　　　　　　　表 7.15

截面类型	索直径 /mm	初始索力 /kN	截面面积 /m²	应变荷载 /（m/m）
S-1	$\phi26$（高钒索）	149.51	4.03×10^{-4}	2.06×10^{-3}
S-2	$\phi7.7$	10.00	4.92×10^{-5}	1.56×10^{-3}
S-3	$\phi7.7$	10.00	4.92×10^{-5}	1.56×10^{-3}
S-4	$\phi9.3$	11.21	6.88×10^{-5}	1.25×10^{-3}
S-5	$\phi9.3$	10.00	6.88×10^{-5}	1.12×10^{-3}
S-6	$\phi9.3$	10.00	6.88×10^{-5}	1.12×10^{-3}
S-7	$\phi9.3$	10.00	6.88×10^{-5}	1.12×10^{-3}
S-8	$\phi9.3$	9.99	6.88×10^{-5}	1.12×10^{-3}
S-9	$\phi11$	11.21	8.29×10^{-5}	1.04×10^{-3}
S-10	$\phi11$	20.34	8.29×10^{-5}	1.89×10^{-3}
S-11	$\phi12.5$	15.25	1.10×10^{-4}	1.06×10^{-3}
S-12	$\phi12.5$	15.00	1.10×10^{-4}	1.05×10^{-3}
S-13	$\phi12.5$	13.00	1.10×10^{-4}	9.07×10^{-4}
S-14	$\phi13$	19.50	1.26×10^{-4}	1.19×10^{-3}
S-15	$\phi13$	24.35	1.26×10^{-4}	1.49×10^{-3}
S-16	$\phi15$	10.00	1.84×10^{-4}	4.18×10^{-4}
S-17	细钢丝	0.275	2.55×10^{-6}	8.29×10^{-4}

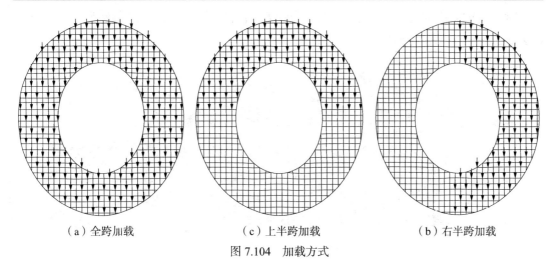

（a）全跨加载　　　　　　　（c）上半跨加载　　　　　　　（b）右半跨加载

图 7.104　加载方式

2. 边界条件

（1）一般弹性支承

各拉索的末端设一般弹性支承，仅约束其 3 个平动方向的自由度。如图 7.105 所示。

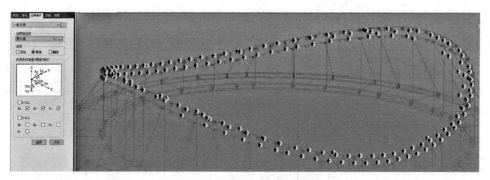

图 7.105　拉索末端弹性支承

根据实验室场地条件，仅考虑模型南北方向 12 个节点可进行锚固，因此，将该 12 个节点设为固定支座，约束其 3 个平动自由度和 3 个旋转自由度。如图 7.106 所示。

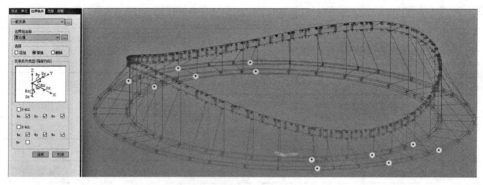

图 7.106　支座布置

（2）节点弹性支承

对于支撑架底部无法锚固的位置，考虑设置节点弹性支承，约束条件为"仅受压"，在 Z 向赋予一个较大的刚度。如图 7.107 所示。

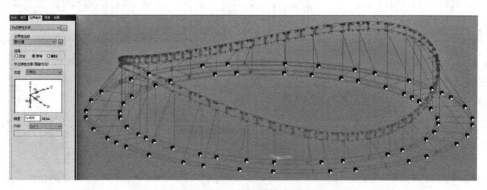

图 7.107　底部弹性支承

（3）释放梁端约束

对于实际结构中索网外环梁与支承结构的固定连接点，即东南西北四个外侧位置的支座，将其上部设定为释放 3 个旋转自由度的约束形式。如图 7.108 所示。

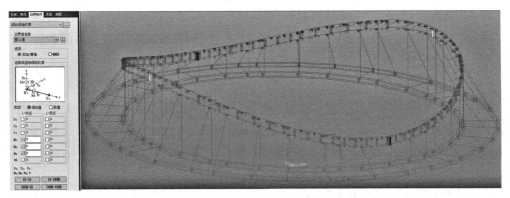

图 7.108　释放梁端约束

对于除索网外环梁与支承结构的固定连接点之外的其他支座，采用"铰-铰"连接的方式，将其设为弯矩和剪力都释放的梁单元构件。如图 7.109 所示。

图 7.109　"铰-铰"连接

（4）滑动支座模拟

试验中设置滑动支座如图 7.110 所示，在 ANSYS 有限元分析中通过"CP，nset，UZ，node1，node2"，即耦合两节点 Z 向位移来实现滑动支座的模拟。

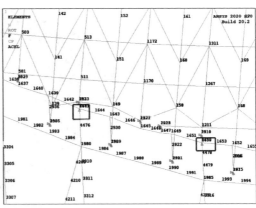

（a）滑动支座　　　　　　　　　（b）节点 Z 向位移限制

图 7.110　滑动支座模拟

对 ANSYS 中 CP 命令的解释如下。

命令"CP，nset，lab，node1，node2…"用来定义或改变耦合节点自由度。

1）nset 为耦合组编号，设置如下：

n——随机设置数量；

HIGH——使用最高定义的耦合数量（如果 lab = all，此为默认值），该选项用于在已有组中增加节点；

NEXT——将定义的最高耦合数量增加，该选项用于在现有组未改变时自动定义耦合组。

2）lab 为耦合节点的自由度，如：

UX、UY 或 UZ（位移）；ROTX、ROTY 或 ROTZ（角度）。

3）输入相同的节点号会被忽略；如果某一节点号为负，则此节点从该耦合组中删去。如果 node1 = all，则所有选中节点加入该耦合组。

耦合自由度的结果是耦合组中的一个元素与另一个元素有相同的属性，耦合可以用于模型不同的节点和连接效果，一般定义耦合可以使用约束公式（CE）。对结构分析而言，耦合节点由节点方向定义。耦合的结果是，这些节点在指定的节点坐标方向上有相同的位移。

注意：① 不同自由度类型将生成不同编号；② 不可将同一自由度用于多套耦合组。

3. 整体模型

采用有限元软件 ANSYS（2020R2）进行数值分析。周边支撑架采用 BEAM188 单元，弹性模量 $E = 2.06×10^5$MPa，环梁屈服强度为 355MPa；拉索采用 LINK10 单元，弹性模量 $E = 1.6×10^5$MPa，拉索破断力依据材性试验实测值，参见表 7.13。对拉索采取设置初始应变的方法来模拟预应力作用，初始预应力平衡完毕后，施加竖向荷载作用。以现场试验实际材料参数为依据建立鞍形索网结构整体有限元分析模型，如图 7.111 所示。

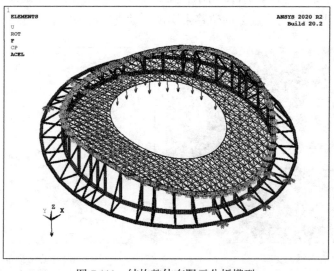

图 7.111　结构整体有限元分析模型

7.5.2　有限元模拟结果分析

由于结构的对称性，提取全跨荷载作用下左半跨位移计 D9～D11 和下半跨位移计 D13～D15 有限元模拟结果与试验结果进行对比，如图 7.112 所示。最大加载时位移对比如表 7.16 所示，其中最大误差为 -6.1%，所建立的有限元模型可行。由于水桶底部和上部接铝塑管用于进出水，铝塑管的撑力对索网纵向变形产生了轻微影响，在洞口边缘部位较明显，如 D10 和 D15 位移计处实测值较小于数值模拟结果，但二者总体变形趋势一致，随着荷载增加，纵向变形呈现近乎线性的变化趋势。

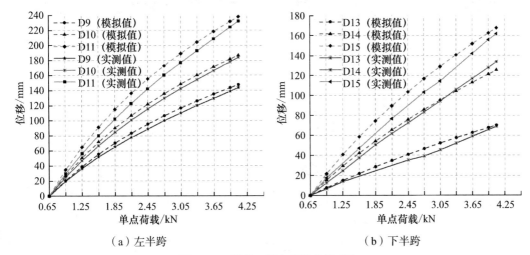

（a）左半跨　　　　　　　　（b）下半跨

图 7.112　荷载-竖向位移曲线对比

最大加载时位移对比　　　　　　　　表 7.16

类型	最大纵向位移 /mm					
	D9	D10	D11	D13	D14	D15
实测值	143.7	184.1	232.0	68.8	133.6	161.7
有限元模拟值	147.7	186.7	237.9	70.2	125.4	167.8
差值（%）	2.8	1.4	2.6	1.9	-6.1	3.7

1. 全跨加载

全跨加载至 4.55kN 时，索网变形情况如图 7.113 所示，索网中间洞口处明显下陷，沿短轴方向洞口外扩，长轴方向轻微内收，与试验测量结果一致。模型支撑架最大应力发生在环梁最低处外侧面（$\sigma = -355$MPa），此时受压屈服，如图 7.114 所示。

拉索轴力分布如图 7.115 所示，上层承重索轴力较大位置是索网边缘至内部洞口边缘中间段，沿索网中部轴力逐渐减小；上层稳定索轴力较大位置是索网中轴附近，沿索网边缘轴力逐渐减小；环向索轴力最大轴力发生在洞口上下两端。

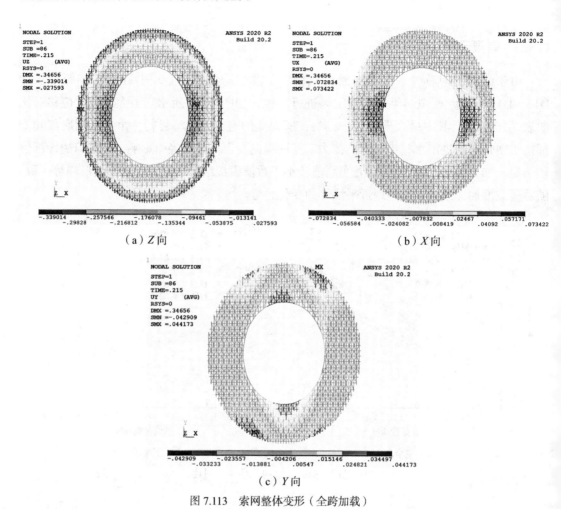

（a）Z向　　　　　　　　　　　　　　（b）X向

（c）Y向

图 7.113　索网整体变形（全跨加载）

图 7.114　底部支撑架应力分布（全跨加载）

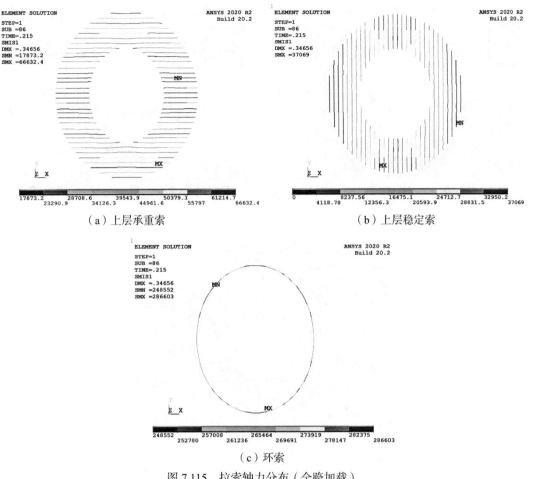

（a）上层承重索　　　　　　　　　　　（b）上层稳定索

（c）环索

图 7.115　拉索轴力分布（全跨加载）

2. 上半跨加载

上半跨加载至 4.55kN 时，索网变形情况如图 7.116 所示，索网上半跨洞口边缘明显下陷，下半跨局部轻微翘起；沿短轴方向，洞口边缘附近有轻微外扩，最大变形在中轴线以上；沿长轴方向，上半跨洞口边缘附近轻微内收，与试验测量结果一致。模型支撑架最大应力发生在上半跨环梁最低处外侧面（$\sigma = -355\text{MPa}$），此时受压屈服，如图 7.117 所示。

拉索轴力分布如图 7.118 所示，上层承重索轴力较大位置是索网上边缘至内部洞口上边缘中间段，下半跨承重索轴力较小；上层稳定索轴力较大位置是索网上半跨中轴附近，沿索网边缘轴力逐渐减小；环向索最大轴力发生在洞口上端。

3. 右半跨加载

右半跨加载至 4.55kN 时，索网变形情况如图 7.119 所示，索网右半跨洞口处明显下陷，左半跨轻微翘起；洞口右边缘沿短轴方向外扩，洞口上、下边缘沿长轴方向轻微内收，与试验测量结果一致。模型支撑架最大应力发生在下半跨环梁最低处外侧面，此时压应力达到 -266MPa，如图 7.120 所示。

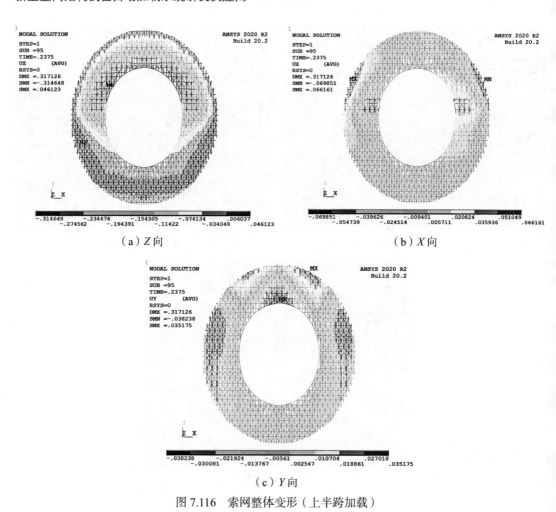

（a）Z 向   （b）X 向

（c）Y 向

图 7.116　索网整体变形（上半跨加载）

图 7.117　底部支撑架应力分布（上半跨加载）

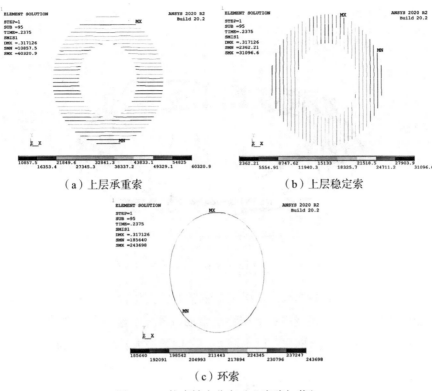

（a）上层承重索　　　　　　　　　　（b）上层稳定索

（c）环索

图 7.118　拉索轴力分布（上半跨加载）

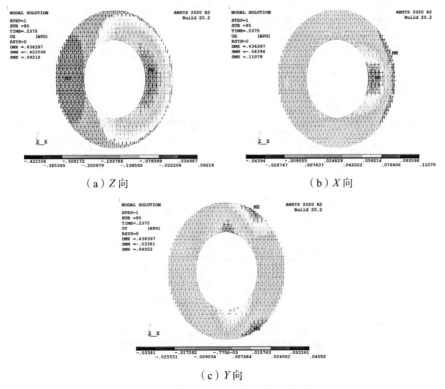

（a）Z 向　　　　　　　　　　（b）X 向

（c）Y 向

图 7.119　索网整体变形（右半跨加载）

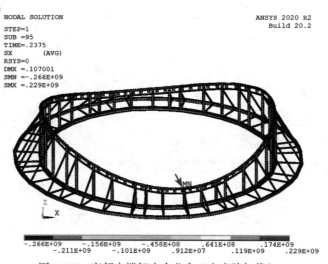

图 7.120　底部支撑架应力分布（右半跨加载）

拉索轴力分布如图 7.121 所示，上层承重索轴力较大位置是索网边缘至内部洞口边缘中间段，沿索网中部轴力逐渐减小；上层稳定索轴力较大位置在索网中轴线附近，中轴线右侧拉索轴力大于左侧，沿索网边缘逐渐减小；环向索最大轴力发生在洞口上下两端。

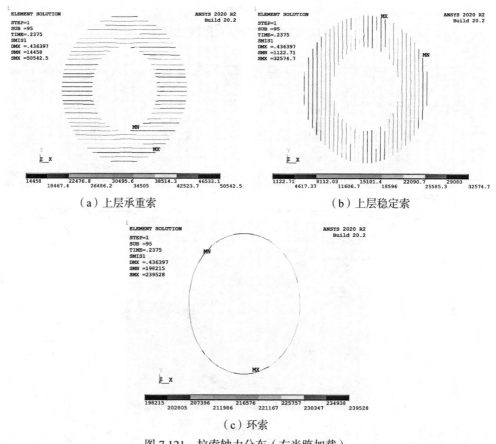

（a）上层承重索　　　　　　　　　　　　（b）上层稳定索

（c）环索

图 7.121　拉索轴力分布（右半跨加载）

7.6　总结

同步点阵数控加载装置成功应用于西安国际足球中心屋盖索网结构承载力试验项目，验证了该加载系统的可行性和准确性。同步点阵数控加载装置普遍适用于各类空间结构试验加载，具有试验布载灵活、加载精度高、符合实际工况、设备操作便捷、加载安全高效、试验耗材经济清洁的特点，是对空间结构加载方法的创新。同时，本次试验填补了国内外"鞍形双曲面"正交索网结构试验研究上的空白，详细研究了鞍形索网结构在满跨对称静力加载及半跨非对称静力加载下的变形及应力分布规律，本次试验主要得到以下结论。

（1）试验采用同步点阵数控加载装置，用水作为加载介质，水具有易操控、密度大、清洁环保、造价便宜等优点，基于 EtherCAT 总线技术实现了全自动控制多点等值同步加载，可精确控制荷载步进大小，试验布载灵活、加载安全高效、软件操作便捷。

（2）试验采用 DACS-Measure 测量系统，通过全站仪对结构进行数字化三维检测，可实时获取结构模型点位的坐标，利用位移计数据对三维模型进行精度控制，理想测量条件下系统精度可达到 2mm。

（3）试验共进行了三种荷载工况：全跨均布荷载、上半跨均布荷载、右半跨均布荷载。在全跨荷载作用下，单点最大荷载为 410kg，结构总荷载为 49.2t，达到 2 倍设计荷载；在上半跨和右半跨荷载作用下，单点最大荷载为 450kg，结构总荷载为 54t，达到 2.2 倍设计荷载。

（4）全跨荷载作用下，索网最大变形为索网短轴方向洞口左、右边缘处，洞口右边缘最大纵向变形为 218mm，约为短跨悬挑跨度（不计洞口长度）的 1/19；上半跨荷载作用下，最大变形发生在洞口上边缘往下 1/4 洞口边缘处，最大纵向变形为 228mm，约为短跨悬挑跨度 1/19；右半跨荷载作用下，索网最大变形为索网短轴方向洞口右边缘处，最大纵向变形为 306mm，约为短跨悬挑跨度（不计洞口长度）的 1/14。建议设计和施工时注意最大变形控制。

（5）索网在平面内发生轻微变形，越靠近跨中洞口变形量越大。全跨荷载作用下，短轴方向洞口外扩，长轴方向洞口轻微内收；上半跨荷载作用下，短轴方向洞口边缘附近轻微外扩，长轴方向上半跨洞口边缘附近轻微内收；右半跨荷载作用下，洞口右边缘沿短轴方向外扩，洞口上、下边缘沿长轴方向轻微内收。

（6）全跨荷载、上半跨荷载和右半跨荷载作用下，应力最大的索均位于索网中轴附近偏右位置，最终分别达到索破断力的 71%、68% 和 66%。建议设计和施工时注意最大索力控制。

（7）上层承重索轴力较大位置是索网上、下边缘至洞口上、下边缘中间段，越向索网中部轴力越小；上层稳定索轴力较大位置是索网长跨中轴附近，越向索网边缘轴力越小；环向索最大轴力发生在洞口上、下两端，设计和施工时应注意最大索力控制。

参 考 文 献

[1] 陈东兆. 后张拉预应力成形鞍形网壳的成形和竖向极限承载力试验研究 [D]. 西安：西安建筑科技大学，2005.

[2] 郝际平，陈东兆. 后张拉预应力成形鞍形网壳的成形试验研究 [J]. 空间结构，2006（4）：24-28.

[3] 陈东兆，郝际平. 某新型加载系统及其拉力损失机理探讨 [C] // 第四届全国现代结构工程学术研讨会论文集，2004：1123-1126.

[4] 郝际平，陈东兆. 一种适用于空间结构竖向承载力试验的加载系统——从背景到应用 [J]. 四川建筑科学研究，2005（2）：40-42.

[5] 陈东兆，郝际平. 后张拉预应力成形鞍形网壳竖向极限承载力试验研究 [J]. 空间结构，2011，17（2）：13-19.

[6] 陈东兆，郝际平. 后张拉预应力成形鞍形网壳张拉成形及其竖向极限承载力试验研究 [J]. 建筑科学，2011，27（5）：23-27.

[7] 贺程，郝际平，等. 局部双层球面网壳整体后张拉成形研究 [J]. 建筑科学，2012，28（7）：79-83，62.

[8] 刘立杰，郝际平，等. 一种新型后张拉整体成形穹顶的成形试验研究 [J]. 建筑结构，2004（2）：37-40.

[9] 郝际平，周阳，等. 宝鸡游泳跳水馆新型张弦梁结构受力性能试验研究 [J]. 建筑结构，2015，45（2）：1-6.

[10] 王知亮. 宝鸡市游泳跳水馆建筑设计若干问题研究 [D]. 西安：西安建筑科技大学，2014.

[11] 周阳. 宝鸡游泳跳水馆新型张弦梁结构受力性能及参数分析研究 [D]. 西安：西安建筑科技大学，2014.

[12] 栗蕾，郝际平，等. 考虑初始损伤双层扁球面网壳的非线性振动 [J]. 天津大学学报（自然科学与工程技术版），2019，52（S2）：120-126.

[13] 魏建鹏，田黎敏，等. 单层空间网格结构抗连续倒塌的多尺度有限元模型分析 [J]. 建筑结构学报，2019，40（8）：127-135.

[14] 田黎敏，郝际平，等. 大跨度单层空间网格结构抗连续性倒塌分析 [J]. 建筑结构学报，2016，37（11）：68-76.

[15] 田黎敏，郝际平，等. 大跨空间结构温度效应分析与合拢温度研究 [J]. 土木工程学报，2012，45（5）：1-7.

［16］姬若鹏，郝际平，等. 适用于局部双层后张拉整体成形网壳的节点刚度分析［J］. 空间结构，2013，19（3）：55-61.

［17］郑江，郝际平，等. 某体育馆复杂空间管桁架相贯节点承载力分析［J］. 建筑科学，2013，29（1）：1-5.

［18］高飞，郝际平，等. 一种新型后张拉整体成型网壳动力性能分析［J］. 钢结构，2012，27（6）：9-13.

［19］王刚，郝际平，等. 后张拉整体成型局部双层柱面网壳成型过程的研究［J］. 钢结构，2009，24（8）：11-15.

［20］郝际平，刘立杰. 穹顶后张拉整体成形过程研究［J］. 西安交通大学学报，2003（11）：1202-1206.

［21］王先铁，郝际平，等. 一种新型网壳结构节点的试验研究与有限元分析［J］. 西安建筑科技大学学报（自然科学版），2005（3）：316-321.

［22］沈世钊. 大跨空间结构的发展——回顾与展望［J］. 土木工程学报，1998（3）：5-14.

［23］陈星烨，马晓燕，等. 大型结构试验模型相似理论分析与推导［J］. 长沙交通学院学报，2004（1）：11-14.

［24］董石麟，邢栋，等. 现代大跨空间结构在中国的应用与发展［J］. 空间结构，2012，18（1）：3-16.

［25］蓝天. 空间钢结构的应用与发展［J］. 建筑结构学报，2001（4）：2-8.

［26］李亚明，贾水钟，等. 大跨空间结构技术创新与实践［J］. 建筑结构，2021，51（17）：98-105，140.

［27］庞崇安. 大跨空间结构在奥运场馆中的实践与发展［J］. 建筑技术，2010，41（2）：102-105.

［28］王俊，赵基达，等. 大跨度空间结构发展历程与展望［J］. 建筑科学，2013，29（11）：2-10.

［29］高树栋，张晋勋，等. 国家速滑馆大跨度马鞍形索网结构总体安装方案研究［J］. 建筑技术，2020，51（3）：333-336.

［30］徐洪涛. 大跨度建筑结构表现的建构研究［D］. 上海：同济大学，2008.

［31］包红泽. 鸟巢型索穹顶结构的理论分析与试验研究［D］. 杭州：浙江大学，2007.

［32］徐晓明，张士昌，等. 苏州奥体中心体育场钢屋盖结构设计［J］. 建筑结构，2019，49（23）：1-6.

［33］张士昌，徐晓明，等. 苏州奥体中心游泳馆钢屋盖结构设计［J］. 建筑结构，2019，49（23）：15-20.

［34］郝永利，白少华，等. 北京大兴国际机场机库大跨度复杂空间组合结构施工技术［J］. 施工技术，2019，48（4）：110-114.

［35］沈祖炎，赵宪忠，等. 大型空间结构整体模型静力试验的若干关键技术［J］. 土木工程学报，2001（4）：102-106.

［36］苗峰. 六杆四面体柱面网壳结构的理论分析与试验研究［D］. 杭州：浙江大学，2017.

［37］蔺军，冯庆兴，等. 大跨度环形平面肋环型空间索桁张力结构的模型试验研究［J］. 建筑结构学报，2005（2）：34-39，45.

［38］姚云龙，董石麟，等. 内外双重张弦网壳结构的模型设计及静力试验［J］. 浙江大学学报（工学版），2013，47（7）：1129-1139.

［39］郭云. 弦支穹顶结构形态分析、动力性能及静动力试验研究［D］. 天津：天津大学，2004.

［40］史杰. 弦支穹顶结构力学性能分析和实物静动力试验研究［D］. 天津：天津大学，2004.

［41］王宁. 双曲抛物面网壳结构静力性能研究与模型试验［D］. 青岛：山东科技大学，2009.

［42］董石麟，袁行飞，等. 济南奥体中心体育馆弦支穹顶结构分析与试验研究［C］// 第九届全国现代结构工程学术研讨会论文集，2009：45-50.

［43］张爱林，刘学春，等. 2008奥运会羽毛球馆新型弦支穹顶结构模型静力试验研究［J］. 建筑结构学报，2007（6）：58-67.

［44］丁洁民，孔丹丹，等. 安徽大学体育馆屋盖张弦网壳结构的试验研究与静力分析［J］. 建筑结构学报，2008（1）：24-30.

［45］秦杰，覃阳，等. 国家体育馆双向张弦结构静力性能模型试验研究［J］. 力学与实践，2008（3）：28-35.

［46］唐伟伟. 大跨度钢屋盖整体模型试验研究［D］. 南京：东南大学，2004.

［47］薛伟辰，陈以一，等. 大型预制预应力混凝土空间结构试验研究［J］. 土木工程学报，2006（11）：15-21，42.

［48］赵宪忠，沈祖炎，等. 上海东方明珠国际会议中心单层球网壳整体模型试验研究［J］. 建筑结构学报，2000（3）：16-22.

［49］郭佳民. 弦支穹顶结构的理论分析与试验研究［D］. 杭州：浙江大学，2008.

［50］薛素铎，王成林，等. Levy型劲性支撑穹顶静力性能试验研究［J］. 建筑结构学报，2020，41（3）：150-155.

［51］窦开亮. 凯威特弦支穹顶结构的稳定性分析及弦支穹顶的静力试验研究［D］. 天津：天津大学，2004.

［52］唐利东. 空间节点自动加载机构的设计［D］. 杭州：浙江大学，2008.

［53］苏慈. 大跨度刚性空间钢结构极限承载力研究［D］. 上海：同济大学，2006.

［54］住房和城乡建设部. 建筑给水排水设计标准：GB 50015—2019［S］. 北京：中国计划出版社，2019.

［55］中国建筑设计研究院有限公司. 建筑给水排水设计手册［M］. 3版. 北京：中国建筑工业出版社，2019.

［56］魏庆福. 现场总线技术的发展与工业以太网综述［J］. 工业控制计算机，2002（1）：1-5.

［57］胡毅，于东，等. 工业控制网络的研究现状及发展趋势［J］. 计算机科学，2010，37（1）：23-27，46.

［58］陈磊. 从现场总线到工业以太网的实时性问题研究［D］. 杭州：浙江大学，2004.

［59］单春荣，刘艳强，等. 工业以太网现场总线 EtherCAT 及驱动程序设计［J］. 制造业自动化，2007（11）：79-82.

［60］陈尚文. 现场总线标准的发展与工业以太网技术［J］. 通信电源技术，2016，33（4）：150-151，200.

［61］Orfanus D, Indergaard R, et al. EtherCAT-based platform for distributed control in high-performance industrial applications[C]// 18th Conference on Emerging Technologies & Factory Automation (ETFA). IEEE, 2013: 1-8.

［62］Rostan M, Stubbs J E, et al. EtherCAT enabled advanced control architecture [C]// Advanced Semiconductor Manufacturing Conference（ASMC）. IEEE，2010：39-44.

［63］Cai J, Pan Y, et al. The design and implementation of distributed data acquisition system based on EtherCAT and CompactRIO [C]// Sixth International Conference on Instrumentation & Measurement, Computer, Communication and Control（IMCCC）. IEEE, 2016: 509-512.

［64］Hanssen D H. Programmable logic controllers：a practical approach to IEC 61131-3 using CODESYS[M]. New York: John Wiley & Sons, Inc. 2015.

［65］Qi J, Wang L, et al. Design and performance evaluation of networked data acquisition systems based on EtherCAT[C]// International Conference on Information Management and Engineering. IEEE, 2010: 467-469.

［66］谢香林. EtherCAT 网络及其伺服运动控制系统研究［D］. 大连：大连理工大学，2008.

［67］李木国，王磊，等. 基于 EtherCAT 的工业以太网数据采集系统［J］. 计算机工程，2010，36（3）：237-239.

［68］王磊，李木国，等. 基于 EtherCAT 协议现场级实时以太网控制系统研究［J］. 计算机工程与设计，2011，32（7）：2294-2297.

［69］郇极，等. 工业以太网现场总线 EtherCAT 驱动程序设计及应用［M］. 北京：北京航空航天大学出版社，2010.

［70］史运涛，温艳坤，等. 实时工业以太网 EtherCAT 系统从站设计［J］. 工业控制计算机，2018，31（8）：37-38，59.

［71］赵君，刘卫国，等. 基于 EtherCAT 总线的分布式测控系统设计［J］. 计算机测量与控制，2012，20（1）：11-14.

［72］柳仁松. 基于 EtherCAT 协议的分布式控制系统设计［D］. 青岛：青岛大学，2013.

［73］王国河. 基于实时以太网 EtherCAT 的多轴网络运动控制系统设计［D］. 广州：华南理工大学，2012.

［74］郑培均. 基于 EtherCAT 工业以太网的数据采集系统的研究［D］. 哈尔滨：哈尔滨工业大学，2016.

［75］白涛. 基于 EtherCAT 的高性能数据采集系统的设计［D］. 上海：复旦大学，2014.

［76］王丽丽，康存锋，等. 基于 CODESYS 的嵌入式软 PLC 系统的设计与实现［J］. 现代制

造工程，2007（3）：54-56.

［77］胡忠利，曾志强，等. 基于CODESYS的现场总线监控系统的设计与开发［J］. 微计算机信息，2012，28（10）：122-123.

［78］郭奕鑫，刘江帆. 基于CODESYS的EtherCAT总线控制系统设计［J］. 现代工业经济和信息化，2018，8（12）：40-41.

［79］赵宪忠，李秋云. 土木工程结构试验测量技术研究进展与现状［J］. 西安建筑科技大学学报（自然科学版），2017，49（1）：48-55.

［80］刘长博. 基于数字图像相关方法的非接触测量技术及其在土体变形中的应用［D］. 北京：北京交通大学，2020.

［81］黄桂平. 数字近景工业摄影测量关键技术研究与应用［D］. 天津：天津大学，2005.

［82］高建新. 数字散斑相关方法及其在力学测量中的应用［D］. 北京：清华大学，1989.

［83］马少鹏，金观昌，等. 白光DSCM方法用于岩石变形观测的研究［J］. 实验力学，2002（1）：11-17.

［84］白晓虹. 数字图像相关（DIC）测量方法在材料变形研究中的应用［D］. 沈阳：东北大学，2011.

［85］郭鹏飞. 数字图像相关方法在钢筋锈蚀中的应用［J］. 现代信息科技，2019（12）：162-164.

［86］徐飞鸿，吴太广，等. 基于数字图像相关的塑性变形识别方法［J］. 长沙理工大学学报（自然科学版），2009，6（3）：78-82.

［87］陈思颖，黄晨光，等. 结构钢中绝热剪切带形成与扩展的光学观测与数值模拟［J］. 高压物理学报，2010（1）：31-36，

［88］戴宜全，何小元，等. 改进数字图像相关法测量混凝土柱弯转角［J］. 工程抗震与加固改造，2010，32（5）：69-74.

［89］田国伟，韩晓健，等. 基于视频图像处理技术的振动台试验动态位移测量方法［J］，世界地震工程，2011，27（3）：174-179.

［90］李玲. 反映构件失效效应的结构模型试验：模型设计与动位移测量程序开发［D］. 上海：同济大学，2008.

［91］沈世钊，等. 悬索结构设计［M］. 2版. 北京：中国建筑工业出版社，2006.

［92］沈世钊. 中国悬索结构的发展［J］. 工业建筑，1994（6）：3-9.

［93］万红霞. 索和膜结构形状确定理论研究［D］. 武汉：武汉理工大学，2004.

［94］程大业. 悬索结构分析的精确单元方法［D］. 北京：清华大学，2005.

［95］袁驷，程大业，等. 索结构找形分析的精确单元方法［J］. 建筑结构学报，2005（2）：46-51.

［96］朱兆晴. 大跨度悬索结构的应用与发展［J］. 安徽建筑，2008（2）：103-104，107.

［97］严慧. 悬索结构的形式和设计选型［J］. 钢结构，1994（1）：32-42.

［98］李国强，沈黎元，等. 索结构形状确定的逆迭代法［J］. 建筑结构，2006，36（4）：

74-76.

［99］夏劲松. 索膜结构的构造理论和柔性天线的结构分析［D］. 杭州：浙江大学，2005.

［100］余志祥. 索网结构非线性全过程分析与研究［D］. 成都：西南交通大学，2003.

［101］李波. 张拉索膜结构施工过程模拟分析研究［D］. 北京：北京交通大学，2008.

［102］Tibert A G, Pellegrino S. Review of Form-Finding Methods for Tensegrity Structures[J]. International Journal of Space Structures, 2003, 18(4): 209-223.

［103］Zhang L Y, Li Y, et al. Stiffness matrix based form-finding method of tensegrity structures[J]. Engineering Structures, 2014, 58: 36-48.

［104］Chen Y, Sun Q, et al. Improved form-finding of tensegrity structures using blocks of symmetry-adapted force density matrix[J]. Journal of Structural Engineering, 2018, 144(10): 04018174.

［105］Bradshaw R R. History of the analysis of cable net structures[C]//Structures Congress 2005: Metropolis and Beyond. 2005: 1-11.

［106］Feng R, Zhang L, et al. Dynamic performance of cable net facades[J]. Journal of Constructional Steel Research, 2009, 65(12): 2217-2227.

［107］肖康丽，黄卓驹，等. 椭圆边界马鞍形单层索网结构静力刚度参数分析［J］. 建筑结构学报，2021，42（S1）：203-212.

［108］杨立军，吴晓，等. 大跨索网结构动力特性［J］. 工程科学与技术，2010，42（6）：85-90.

［109］顾冬生，郭正兴，等. 索膜结构的 ANSYS 分析方法［J］. 钢结构，2004（4）：1-3.

［110］薛素铎，田学帅，等. 单层马鞍形无内环交叉索网结构受力性能研究［J］. 建筑结构学报，2021，42（1）：30-38.

［111］许秀颖. 鸟巢形索网结构的力学分析［D］. 保定：河北大学，2010.

［112］郭彦林. 整体张拉及杂交结构体系特点与应用［J］. 工程建设与设计，2005，（1）：11-16.

［113］陈建新，赵宪忠，等. 大跨度张弦梁的结构特点和研究课题［J］. 工业建筑，2002，32（增刊）：383-389.

［114］吕晓静. 张弦空间桁架的静力性能及稳定性分析［D］. 西安：西安建筑科技大学，2003.

［115］陈汉翔. 大跨度张弦梁结构受力性能的研究［D］. 广州：华南理工大学，2003.

［116］李良. 新型大跨度预应力张弦梁结构［D］. 北京：北京交通大学，2004.

［117］张峥，丁洁民，等. 大跨度张弦结构的应用与研究［J］. 建筑结构，2006，36（S1）：235-241.

［118］王聪. 张弦梁结构受力性能的研究［D］. 北京：北京交通大学，2004.

［119］李义生. 单榀张弦梁结构稳定性能分析［D］. 天津：天津大学，2001.

［120］于泳. 大跨度张弦梁结构计算分析及设计［D］. 天津：天津大学，2003.

［121］白正仙，刘锡良，等. 单榀张弦梁结构各因素的影响分析［J］，钢结构，2001（3）：

42-46.

［122］张重阳，陈志华. 不同矢跨比的弦支穹顶内力分析［J］. 工业建筑，2002，32（增刊）：419-422.

［123］白正仙. 张弦结构的理论分析和试验研究［D］. 天津：天津大学，1999.

［124］王新敏. ANSYS 工程结构数值分析［M］. 北京：人民交通出版社，2007.

［125］刘锡良，白正仙. 张弦结构的有限元分析［J］. 空间结构，1998（4）：4-8.

［126］孙文波. 广州国际会展中心大跨度张弦梁的设计探讨［J］. 建筑结构，2002（2）：54-56.

［127］Masao S, O. lcasa A. The Role of String in hybrid String Struture[J]. Engineering Struture, 1999, 21(8).

［128］Masao S. Study on mechanical characteristics of a light-weight complex structure complsed of a Membrane and a beam string structure[C]// IASS Symposium on Spatial, Lattice, Tension Structures, 1994.

［129］Ding J M, HE Z J. Characteristics of wind load and wind resistant design of membrane structure canopy roof of large-scale stadium [C]// Advances in Steel Structures, 2005.

［130］Ding J M, Zhang Z. Conceptual Design and Optimization of Structure in Gymnasium[C]// Correspondence of IASS & APCS，2006.

［131］Clough R W. The Finite Element Method in Plane Stress Analysis[C]// Proc. 2nd. ASCE Conference on Electronic Computation, 1960, 23: 345-347.

［132］住房和城乡建设部. 索结构技术规程：JGJ 257—2012［S］. 北京：中国建筑工业出版社，2012.

［133］陈绍蕃，等. 钢结构［M］. 北京：中国建筑工业出版社，2006.

［134］孙文波，杨叔庸，等. 广州国际会展中心张弦桁架竖向刚度性能［J］. 华南理工大学学报，2003，31（11）.

［135］张晓燕，郭彦林，等. 深圳会展中心钢结构屋盖起拱方案及施工技术［J］. 工业建筑，2004，34（12）.

［136］焦瑜，宋剑波，等. 某张弦梁屋盖结构的设计与施工［J］. 空间结构，2005，11（3）：61-64.

［137］秦杰，徐瑞龙，等. 国家体育馆双向张弦结构施工模型试验研究［J］. 工业建筑，2007，37（1）:16-19.

［138］张国发. 弦支穹顶结构施工控制理论分析与试验研究［D］. 杭州：浙江大学，2009.

［139］张爱林，王冬梅，等. 2008 奥运会羽毛球馆弦支穹顶结构模型动力特性试验及理论分析［J］. 建筑结构学报，2007（6）：68-75.

［140］刘学春. 新型大跨度弦支穹顶结构体系创新研究与奥运工程应用［D］. 北京：北京工业大学，2010.

［141］王泽强，秦杰，等. 环形椭圆平面弦支穹顶的环索和支承条件处理方式及静力试验研究

［J］. 空间结构, 2006（3）：12-17.

［142］窦开亮. 凯威特弦支穹顶结构的稳定性分析及弦支穹顶的静力试验研究［D］. 天津：天津大学, 2004.

［143］崔恒忠, 曹资, 等. 可展开折叠式空间结构模型试验研究［J］. 空间结构, 1997（1）：43-47.

［144］阚远, 叶继红. 索穹顶结构施工成形及荷载试验研究［J］. 工程力学, 2008（8）：205-211.

［145］陈联盟, 董石麟, 等. 索穹顶结构施工成形理论分析和试验研究［J］. 土木工程学报, 2006（11）：33-36, 113.

［146］黄呈伟, 邓宜, 等. 索穹顶结构模型试验研究［J］. 空间结构, 1999, 3：2, 10-17.

［147］陈以一, 沈祖炎, 等. 上海埔东国际机场候机楼 R2 钢屋架足尺试验研究［J］. 建筑结构学报, 1999, 20：2, 9-27.

［148］Hancock G J, Key P W, et al. Structural tests on the top chord of Strarch (stressed arch) frames[C]// Proc., Pacific Struct. Steel Conf. 1989:557-569.

［149］Key P, Mansell D S, et al. Full-Scale Testing of a 30m Span Strarch Industrial Building[C]// Second National Structural Engineering Conference 1990: Preprints of Papers: Preprints of Papers. Barton, ACT: Institution of Engineers, Australia, 1990:351-355.

［150］Clarke M J, Hancock G J. Tests and nonlinear analyses of small-scale stressed-arch frames[J]. Journal of structural engineering, 1995, 121(2): 187-200.

［151］Hoe T T, Schmidt L C. Ultimate load behaviour of a barrel vault space truss[J]. International Journal of Space Structures, 1987, 2(1): 1-10.

［152］Li H, Schmidt L C. Ultimate load test and analysis of a retrofitted model steel dome[J]. International Journal of Space Structures, 1998, 13(2):53-63.

［153］El-Sheikh A, Shaaban H. Experimental study of composite space trusses with continuous chords[J]. Advances in Structural Engineering, 1999, 2(3): 219-232.

［154］韩庆华. 单双层球面网壳结构的性能分析及焊接空心球节点的极限承载力［R］. 博士后研究工作报告, 2001.

［155］陈务军, 付功义, 等. 带肋局部双层网壳的失稳特征研究［J］. 工程力学, 2002, 19：4, 61-66.

［156］舒赣平, 左江, 等. 南京龙江体育馆网壳设计与试验［J］. 建筑结构, 1997, 6：28-31.

［157］孔丹丹, 丁洁民, 等. 张弦空间结构的弹塑性极限承载力分析［J］. 土木工程学报, 2008（8）：8-14.

［158］方江生, 丁洁民. 北大体育馆屋盖结构风荷载分布特性的试验研究［J］. 建筑结构, 2007（2）：114-117.

［159］付刊林, 陈文明, 等. 镇江体育会展中心体育场、体育会展馆风洞试验及应用［J］. 建筑结构, 2010, 40（9）：62-64.

［160］张勇，刘锡良，等. 金属拱型波纹屋盖结构足尺模型试验研究［J］. 土木工程学报，2003（2）：26-32.

［161］张勇，刘锡良，等. 银河金属拱型波纹屋顶的静力稳定承载力试验研究［J］. 建筑结构学报，1997（6）：46-54，40.

［162］刘锡良，叶建军. 大跨度机库结构体系理论与试验研究［C］// 第六届空间结构学术会议论文集，1996：267-271.

［163］刘锡良，杨修茂. 单双层组合网壳结构理论与试验研究［C］// 第七届空间结构学术会议论文集，1994：279-284.

［164］王俊，蓝天，等. 四角锥单元装配式角钢网架试验研究与工程实践［C］// 第六届空间结构学术会议论文集，1996：276-283.

［165］郑君华，董石麟，等. 葵花形索穹顶结构的多种施工张拉方法及其试验研究［J］. 建筑结构学报，2006（1）：112-116.

［166］杜文风，高博青，等. 改进悬臂型张弦梁结构理论分析及试验研究［J］. 建筑结构学报，2010，31（11）：57-64.

［167］袁行飞，董石麟. 索穹顶结构有限元分析及试验研究［J］. 浙江大学学报（工学版），2004（5）：66-72.

［168］王振华，董石麟，等. 索穹顶与单层网壳组合结构的模型试验研究［J］. 浙江大学学报（工学版），2010，44（8）：1608-1614.

［169］郑晓清，董石麟，等. 弦支环向折线形单层球面网壳结构的模型试验研究［J］. 土木工程学报，2015，48（S1）：74-81.

［170］张民锐，邓华，等. 月牙形索桁罩棚结构的静力性能模型试验［J］. 浙江大学学报（工学版），2013，47（2）：367-377.

［171］邢栋，董石麟，等. 一种单层铰接折面网壳结构的试验研究［J］. 空间结构，2011，17（2）：3-12.

［172］白光波，董石麟，等. 六杆四面体单元组成的球面网壳结构静力特性模型试验研究［J］. 空间结构，2015，21（2）：20-28.

［173］郑晓清，董石麟，等. 环向折线形单层球面网壳结构的试验研究［J］. 空间结构，2012，18（4）：3-12.

［174］聂桂波，支旭东，等. 大连体育馆弦支穹顶结构张拉成形及静载试验研究［J］. 土木工程学报，2012，45（2）：1-10.

［175］卫东，杨庆山，等. 张拉膜结构模型全过程试验研究［J］. 建筑结构学报，2004（2）：49-56，78.

［176］陈昕，王娜，等. 单层鞍形网壳弹塑性稳定性试验研究［J］. 钢结构，1994（1）：55-58.

［177］沈世钊，徐崇宝，等. 预应力双层悬索体系的试验研究［J］. 哈尔滨建筑工程学院学报，1984（3）：1-12.

［178］尚春明，沈世钊. 圆形双层正交悬索结构的理论和试验研究［J］. 土木工程学报，1989（1）：53-66.

［179］姚江峰，沈世钊. 筒形网壳弹塑性分析及模型试验研究［J］. 哈尔滨建筑大学学报，1996（2）：42-46.

［180］陈昕，叶林，等. 北京亚运会摔跤馆组合网壳结构的模型试验和静力分析［C］// 第四届空间结构学术交流会论文集（第二卷），1988：159-162.

［181］张爱林，刘学春，等. 大跨度索穹顶结构模型静力试验研究［J］. 建筑结构学报，2012，33（4）：54-59.

［182］王冬梅，张爱林，等. 新型大跨度弦支穹顶结构的动力特性与抗震试验［J］. 北京工业大学学报，2012，38（2）：194-200.

［183］郑君华，罗尧治，等. 矩形平面索穹顶结构的模型试验研究［J］. 建筑结构学报，2008（2）：25-31.

［184］Kawaguchi M. Possibilities and problems of latticed structures[C]// Spatial, Lattice and Tension Structures. ASCE, 1994: 350-376.

［185］肖炽. 空间网格结构整体提升法研究［J］. 空间结构，1994（2）：50-55，38.

［186］Rosenfeld Y. A Prototype "Clicking" Scissor-Link Deployable Structure[J]. Space Structure, 1993, 8(1-2): 85-95.

［187］Cao Z. A Study on Manual-Locking Deployable-collapsible Space Strutures[C]// Proceedings of Asia-Pacific Conference on Spatial Structures, Beijing, 1996.

［188］Escrig F, Perez V J, et al. Deployable cover on a swimming pool in Seville[J]. Journal of the International Association for Shell and Spatial Structures, 1996, 37(1): 39-70.

［189］刘锡良，朱海涛. 折叠网架节点的设计与构造［J］. 空间结构，1997（1）：36-42.

［190］陈务军，关富玲，等. 一个空间伸展臂方案设计、展开过程与受力分析［J］. 空间结构，1997（2）：18-24.

［191］陈向阳，关富玲，等. 复杂剪式铰结构的几何分析和设计［J］. 空间结构，1998（1）：45-51.

［192］陈务军，关富玲，等. 大型构架式可展开折叠天线结构设计方案研究（一）［J］. 空间结构，1998（3）：37-42，25.

［193］陈务军，关富玲，等. 大型构架式可展开折叠天线结构设计方案研究（二）［J］. 空间结构，1998，4：4，22-28.

［194］Hu Q B, Guan F L, et al. Computational Method for Kinematic and Dynamic Analysis for Large Deployable Structure[C]// The 6th Asian Pacific Conference on Shell and Spatial Structures. Seoul, Korea, 2000: 633-640.

［195］张京街，关富玲，等. 带弹簧节点的大型构架式展开天线结构的设计和研究［J］. 空间结构，2000（2）：30-37.

［196］陈向阳，关富玲，等. 可展星载抛物面天线结构设计［J］. 空间结构，2000（4）：

41-46.

[197] 张淑杰，关富玲，等. 大型空间可展网状天线的形面分析 [J]. 空间结构，2001（2）：44-48.

[198] Troitsky M S. Prestressed steel bridges: Theory and design[M]. The James F. Lincoln Arc Welding Foundation, USA, 1988.

[199] Pugh A. An introduction to tensegrity[M]. University of California Press, 2020.

[200] Motro R, Raducanu V. Tensegrity systems and tensile structures[C]// IASS Symposium 2001: International Symposium on Theory, Design and Realization of Shell and Spatial Structures, Nagoya, Japan, 2001: 314-315.

[201] 王洪军，刘锡良，等. 动力松弛法在索穹顶施工过程分析中的应用 [C] // 第十届空间结构学术会议论文集，2002：402-409.

[202] 唐建民，沈祖炎，等. 索穹顶结构成形试验研究 [J]. 空间结构，1995（2）：60-64.

[203] 曹喜，刘锡良. 张拉整体结构的预应力优化设计 [J]. 空间结构，1998（1）：32-36.

[204] 钱若军，董明，等. 索穹顶（Cable Dome）结构的特性及分析 [J]. 建筑结构学报，1998（2）：23-29，49.

[205] 袁行飞，董石麟. 索穹顶结构施工控制反分析 [J]. 建筑结构学报，2001（2）：75-79，96.

[206] 袁行飞，董石麟. 索穹顶结构整体可行预应力概念及其应用 [J]. 土木工程学报，2001（2）：33-37，61.

[207] 刘锡良，夏定武. 索穹顶与张拉整体穹顶 [J]. 空间结构，1997（2）：10-17.

[208] 白正仙，刘锡良，等. 新型空间结构形式——张弦梁结构 [J]. 空间结构，2001（2）：33-38，10.

[209] Saar O S. Self-erecting two-layer steel prefabricated arch[C]// Space Structures, Third International Conference. 1984: 823-827.

[210] Ellen P E. The Design and Development of Post-tensioning Steel Structures[C]// Proc. 1st Pacific Struct. Steel Conf. Manukau City, New Zealand, 1986: 69-74.

[211] Clarke M J, Hancock G J. A Comparison of Finite Element Nonlinear Analyses with Tests of Stressed Arch Frames[C]// Proceedings, Tenth International Specialty Conference on Cold-Formed Steel Structures. St Louis, Missouri, USA, 1990: 605-636.

[212] Clarke M J, Hancock G J. A Finite Element Nonlinear Analysis of Stressed Arch Frames[J]. Journal of Structural Engineering, ASCE, 1991: 2819-2837.

[213] Clarke M J, Hancock G J. The behaviour and design of stressed-arch (Strarch) frames[C]// Spatial, Lattice and Tension Structures. ASCE, 1994: 200-209.

[214] Clarke M J, Hancock G J. Test and Nonlinear Analysis of Small-scale Stressed-arch Frames[J]. Journal of structural engineering, ASCE, 1995: 187-200.

[215] Clarke M J, Hancock G J. Design of Top Chord of Stressed-arch Frames[J]. Journal of

structural engineering, ASCE, 1995: 201-213.

[216] Schmidt L C. Single-chorded plane space trusses[J]. International Journal of Space Structures, 1985, 1(2): 69-74.

[217] Schmidt L C. Erection of Space Trusses of Different Forms by Tensioning of near Mechanism[J]. Proc. IASS Congress, Cedex-Laboratorio Central De Estructuras Y Materiales, Madrid, Spain, 1989(4).

[218] Dahdashti G, Schmidt L C. Dome-Shaped Space Truss Formed by means of Post-tensioning[J]. Journal of structural engineering, ASCE, 1996: 1240-1245.

[219] Dahdashti G, Schmidt L C. Hypar space trusses formed by means of post-tensioning[C]// International conference on lightweight structures in civil engineering s. Warsaw, Poland, 1995: 629-637.

[220] Schmidt L C, Dahdashti G. Curved Space Trusses Formed from Single-chord Planar Space Trusses[C]// ACMSM 13th Australian Conf. On the Mech. of Struct. and Materials, University. of Wollongong, Australia, 1993: 777-784.

[221] Schmidt L C, Li H W. Shape Formation of Deployable Metal Domes[J]. Intenational Journal of Space Structures, 1995: 189-194.

[222] Li H W, Schmidt L C. Post-tensioned and Shaped Hypar Space Trusses[J]. Journal of structural engineering, ASCE, 1997: 130-137.

[223] Li H W. Shape Formation of Space Trusses. Department of Civil & Mining Engineering[D]. University of Wollongong, Australia, 1997.

[224] Schmidt L C, Selby S. Domical Space Trusses and Braced Domes: Shaping, Ultimate Strength and Stiffness[J]. Intenational Journal of Space Structures, 1999, 14(1): 17-23.

[225] Kim J W, Hao J P, et al. New attachment device for post-tensioning of full size scale space truss[C]// The 8th East Asia-Pacific Conference on Structural Engineering and Construction, Singapore, 2001: 1034-1039.

[226] Kim J W, Hao J P. Behavior Characteristic of a Full-Size Scale Pyramidal Space Truss Unit[J]. Journal of Structural Engineering, KSCE, 2002, 6(1): 33-38.

[227] Chen D Z, Hao J P, et al. Perfect Integration of Grid Structure & Post-tensioning Method——Post-tensioned and Shaped Space Truss[C]// Seventh International Symposium on Structural Engineering for Young Experts, Tianjin, China, 2002.

[228] 顾磊，董石麟. 叉筒网壳的建筑造型、结构形式与支承方式[J]. 空间结构，1999（3）：3-11.

[229] 夏开全，董石麟. 刚接与铰接混合连接杆系结构的几何非线性分析[J]. 计算力学学报，2001（1）：103-107.

[230] 陈东，董石麟. 局部双层柱面网壳的几何非线性稳定性分析[J]. 空间结构，1999（3）：33-39，46.

［231］陈务军，董石麟，等. 凯威特型局部双层网壳结构特性分析［J］. 空间结构，2001（1）：25-33.

［232］陈务军，付功义，等. 带肋局部双层球面网壳稳定性分析［J］. 空间结构，2001（3）：33-40.

［233］Calladine C R. Buckminster Fuller's "tensegrity" structures and Clerk Maxwell's rules for the construction of stiff frames[J]. International journal of solids and structures, 1978, 14(2): 161-172.

［234］El-Sheikh A I, McConnel R E. Experimental study of behavior of composite space trusses[J]. Journal of Structural Engineering, 1993, 119(3): 747-766.

［235］El-Sheikh A. New space truss system—from concept to implementation[J]. Engineering Structures, 2000, 22(9): 1070-1085.